APENAS UM PROJETO DE SOCIEDADE

LUIZ HENRIQUE MICHELATO

[1] luizhenriquemichelato@gmail.com. 43991707198.
[2] dayfelixcolucci@hotmail.com. 43998696998. CNPJ:40.093.952\0001-11

Luiz Henrique Michelato[1]
Escritor e Assistente Social CRESS\PR 10830
Dayane Felix Colucci[2]
Escritora e Administradora CRA\PR 31873

APENAS UM PROJETO DE SOCIEDADE

Cornélio Procópio\PR\Brasil

2022

SUMÁRIO

1. SENTIDOS DO MUNDO CONTEMPORÂNEO..................04

2. SERVIÇO SOCIAL E REALIDADE EM PLENO SÉCULO XXI..........20

3. RACISMO, DESIGUALDADES E FORMAS DE SUPERAÇÃO............34

4. SERVIÇO SOCIAL, EDUCAÇÃO E INTELIGÊNCIA ARTIFICIAL..............48

CONSIDERAÇÕES INCESSANTES

REFERÊNCIAS

A presente obra, 4ª dos autores, propõe uma forma de sociedade com qualidade de vida e fim da insegurança, potencializada pela democracia e paz entre os povos, pelo fim do sistema capitalista ultraliberal, em frente pelo ecossocialismo. LHM DFC. Autores de uma proposta para um mundo melhor e justo para todos. Pela preservação da natureza, povos, biodiversidade, democracia e justiça social. Profissionais, pensadores, intelectuais, trabalhadores, desempregados, desalentados, alienados, desinformados, oprimidos, violentados, desorientados, desprovidos, condicionados pela burguesia degradante e usurpadora da força alheia.

Deve-se alcançar todos interessados em construir uma sociedade justa e melhor, reconstruindo áreas degradadas e resgatando vidas, reduzindo violência, guerras, repressão, desprezo, entre outras mazelas propostas pelo sistema capitalista neofascista liberal em evidência. Mudança é a necessidade pela existência pacífica entre os seres humanos e a natureza, preservando e resgatando o patrimônio histórico-cultural verdadeiro entre os indivíduos e a sociedade civil organizada.

1. SENTIDOS DO MUNDO CONTEMPORÂNEO

O mundo do século XXI, apresenta controvérsias evidentes, onde apenas uma classe social determina os valores e as crenças a serem seguidas e acatadas pelo restante da sociedade, portanto, a imensa maioria da população mundial. Nesse sentido, identifica-se os atores proativos em todas as instâncias sociais.

Desta forma, a partir do final da segunda guerra mundial, os Estados Unidos da América figuram entre os principais países do mundo, enraizando-se como o primeiro entre os mais desiguais, de acordo com Chomsky (2017). Desta maneira, se apresenta com o discurso global, em sua problemática e decadente geopolítica, afetando inúmeros países mundo afora, como Israel, Palestina, Irã, e várias nações da América Latina, confraternizando a tal guerra ao terror, favorecendo sua organização econômica internacional.

Nesta seara problemática, evidencia-se a redução de direitos e justiça, e diversos assuntos pertinentes à sobrevivência da civilização global, englobando a guerra nuclear e a destruição ambiental. Entretanto, o poderio dos EUA vem reduzindo com o passar do tempo, onde o governo mundial de fato e o poder dos mestres do universo, apresenta declínio notável, segundo Chomsky (2017).

Contudo, referência-se as grandes potências capitalistas, concentrando-se as sete nações mais ricas do mundo, com seu imenso parque industrial, conferindo a formação do chamado G7, aliados a instituições onde controlam a nova era imperial, mitigada pelo Fundo Monetário Internacional – FMI, e as demais instituições de comércio global.

Desta maneira, as populações subalternas pouco decidem e participam das tomadas de decisões e acerca da elaboração de diretrizes políticas, demonstrando através de pesquisas aprofundadas, que, as elites econômicas e comerciais impactam sobre as políticas governamentais, em detrimento da participação social de grupos de massa e independentes.

Assim sendo, segundo Chomsky (2017), as teorias de dominação e da elite econômica são privilegiadas, bem como as teorias do pluralismo tendencioso, havendo fecundo favorecimento de tais abordagens, ocasionando o enfraquecimento das teorias de democracia eleitoral majoritária ou pluralismo majoritário, onde a massa populacional, que se concentra na parte de baixo da pirâmide da meritocracia burguesa, encontra-se amplamente excluída do sistema político, tendo suas opiniões e lutas rechaçadas por seus representantes, porém, a minoria elitista permanece dando as cartas ao restante da sociedade, esmagando as demais parcelas da população mundial.

Todavia, prevalece o financiamento de campanha que prevê as decisões políticas, identificada como apatia, onde as pessoas em muitos casos não votam ou se auto excluem do processo eleitoral, reforçando o caráter impregnado pelo senso comum amplamente difundido pela classe dominante em fazer sua classe explorada em não discutir política e demais temas pertinentes a construção de uma sociedade realmente democrática.

Nesse sentido, o critério de classe fica explícito, revelando a necessidade de construção de um grande partido que atenda aos interesses das massas exploradas e excluídas pelo sistema burguês neofascistaliberal, contrapondo-se aos interesses das elites, conforme indica Chomsky (2017). Assim sendo, predomina a total descrença da população em eleger seus representantes, dominados pela cultura capitalista individualista, enviesado pelo senso comum.

Portanto, trata-se de evitar a contraditória desigualdade econômica e social, proporcionada pela sociedade do dinheiro, que prevê os mínimos sociais a imensa maioria da população global, manejada por um Estado neoliberal burguês financista e rentista, com predomínio da especulação e da acumulação em escala mundial.

Desta forma, um novo projeto de sociedade deve surgir, de baixo para cima, da periferia para o centro do mundo, retirando aquilo que lhe foi roubado durante séculos de exploração e opressão, num movimento organizado e articulado em todos os setores sociais, urbano e rural, científico e religioso, favorecendo a qualidade de vida da população mundial através da consciência de classe oprimida pelo capital, configurada pelos trabalhadores e desempregados, permitindo a abolição da escravatura contemporânea burguesa.

Na tentativa de se compreender as crises políticas fundadas no âmbito do capitalismo neoliberal brasileiro, segundo Martuscelli (2013), evidencia-se as contradições de classe, em sua relação com a implementação da política de Estado, configurando as frações de classe em suas variantes conjunturais no decorrer do capitalismo neoliberal brasileiro e de suas reformas, abrangendo um período histórico desde os governos Collor (1992) até o governo PT, redimensionada com o famigerado "mensalão" de (2005).

O contexto do período do ano de 1992 apresenta a crise do governo na qual acontece um amplo processo de instabilidade hegemônica de acordo com os interesses do grande capital, havendo a destituição do Presidente da República da época, movimento formado pela burguesia interna e de setores da classe média, abarcando enorme descontentamento referente a política estatal.

Nesse sentido, clarifica-se a crise do neoliberalismo no país, havendo notáveis resistências a tal sistema de acumulção aos ricos e os mínimos sociais aos pobres e imensa parcela de trabalhadores, evidenciando o fracasso do programa neoliberal brasileiro em proporcionar justiça social e atuar de acordo com a Constituição Federal de 1988, de acordo com Martuscelli (2013).

> A crise política de 2005 caracteriza-se como uma crise do partido do governo, surgindo de um processo de crise de representação política do PT, que passou a sustentar, no governo, os interesses da grande burguesia interna e a acomodá-los no núcleo hegemônico do bloco no poder, sem, com isso, colocar em xeque o poder político da grande burguesia financeira internacional. Trata-se, portanto, de um contexto de reformas no capitalismo neoliberal, no país, criando condições favoráveis para a realização de mudanças na política estatal. Nesse caso, tanto o governo federal quanto a grande burguesia interna sairiam vitoriosos da crise. (MARTUSCELLI, 2013, p. 13).

Desta forma, mesmo com a deposição histórica de presidentes nessa conjuntura brasileira, não houve o fim do neoliberalismo, bem como não houve a instauração do Estado Democrático de Direito, seguindo os preceitos da carta magna brasileira (CF88), analisando o contexto no transcorrer da década de 1990 até tempos atuais, ou seja, não houve a devida alteração do receituário do capitalismo neoliberal.

Assim sendo, a produção científica no âmbito das ciências humanas e sociais torna-se imprescindível, tendo em vista a crítica a tais sistemas nocivos a maior parte da população global, fundamentalmente aos países em desenvolvimento 'terceiro mundistas' 'subdesenvolvidos' de capitalismo tardio, onde as crises do capitalismo neoliberal são muito mais prejudiciais e destruídoras da população.

Todavia, conforme indica Martuscelli (2013), a produção histórico-sociológica deve ser fecunda em avaliar as crises estruturais deste sistema, sobretudo diante dos problemas latentes do neoliberalismo capitalista, tendendo a ignorar tais problemáticas, portanto, trata-se de elaborar e difundir estudos acerca das estruturas de classes, os debates sobre a ação, e da natureza de classe do Estado, bem como do processo de acumulação de capital.

Nesse cenário, o trabalho científico deve voltar-se para análise estrutural do sistema capitalista neoliberal, abordando a configuração das crises e o desenvolvimento do sistema capitalista, no tocante as relações de classes em sua roupagem neoliberal, e do ambiente da política estatal, evitando-se a crítica moralista, reduzindo a perspectiva de análises profundas com relação as classes sociais nesta conjuntura.

Assim sendo, discutir as crises políticas no contexto do capitalismo neoliberal brasileiro é essencial, abordando as contradições de classe, intrínsecas ao processo de implantação da política estatal, abrangendo as frações de classe, envolvendo as reformas neoliberais no Brasil, onde em mais de 30 anos de CF, não conseguimos abolir a pobreza extrema do país, evidenciando a histórica violação de nossa magna carta.

Portanto, o trabalho extende-se em analisar a problemática em torno da estrutura sistêmica, em sua natureza conceitual e histórica, abrangendo diversos aspectos da vida cotidiana, bem como o modo de produção característico, segundo Martuscelli (2013), aludindo aos objetos concretos, e suas determinações, tais como os procedimentos a serem adotados, o método, envolto a capacidade revolucionária, rompendo com a ideologia dominante burguesa neoliberal.

Em contexto mundial, o processo de internacionalização do capital, ao longo das últimas décadas, refletiu em variados questionamentos e problemáticas acerca de sua operacionalidade, bem como no sentido de avaliação de conceitos, categorias e noções, em explicar os fenômenos atuais.

Devendo-se, evitar, segundo Martucelli (2012), o chamado novo modismo teórico-político, em torno do modismo neoliberal em suas várias conotações, evidenciando e favorecendo o livre mercado, a livre iniciativa individual e o caráter de Estado mínimo, onde tais abordagens pretendem por fim as ideologias, a história, as classes sociais, ao imperialismo, ao tentar distorcer as análises críticas ao sistema capitalista ultraliberal neofascista em tempos vindouros.

Portanto, é imprescindível compreender o aspecto da teoria neoliberal da globalização impregnadas em análises ditas críticas, ou mesmo anticapitalistas, em tempos contemporâneos, sustentando uma idéia de crise do Estado-nação, ou seja, livre da intervenção estatal, bem como do espaço econômico internacional, de certa forma descaracterizando as influências das multinacionais em empresas nacionais.

Todavia, a teoria da globalização traz a tona, concomitantemente uma abordagem relativa a realidade social e efeitos ilusórios, ao contestar os pressupostos dessa determinada ideologia, como aponta Martuscelli (2012), no sentido de unificar a burguesia em escala mundial.

Desta forma, estudos das relações intraburguesas devem difundir-se, na busca pela compreensão e interpretação do sistema atual, em suas diversas variantes, avaliando o processo de internacionalização das grandes empresas transnacionais, bem como no tocante ao reordenamento econômico e político do capitalismo global, enfatizando a questão da financeirização como ponto fundamental presente nos fracionamentos das classes dominantes.

Destarte, são formas metodológicas de se explicar o funcionamento do sistema capitalista ultralibebal global, variando em argumentos e abordagens, necessariamente consternando aos chamados altos quadros das empresas transnacionais, de acordo com Martuscelli (2012), em detrimento da classe burguesa, priorizando aspecto simbólicos, ideológicos e culturais, ao integrar a burguesia mundial.

Assim sendo, em certos estudos, omitem-se e ocultam-se discussões sobre qual local ocupa os agentes dentro do processo de produção, compreendendo a unidade da burguesia e a realidade fora do processo de produção. "Nessa persectiva, os altos quadros são identificados como parte da burguesia por assimilarem aspectos fundamentais de uma cultura burguesia dita transnacional". (MARTUSCELLI, 2012, p. 3).

Portanto, destaca-se uma diferença entre o nível global e transnacional de uma empresa, ou seja, o nível transnacional corresponde a forma atual da empresa, e o nível global diz respeito a sua futura forma de estruturação.

Nesse sentido, trata-se da importância das forças transnacionais, a classe capitalista e a cultura-ideológica do consumismo, deixando de ser exclusivos do Estado, ou seja, cria-se um espaço onde imperam os investimentos externos, fontes da globalização da produção, estando localizadas em alguns setores, predominando conflitos de interesses abarcando o processo pró-globalização e os antiglobalização, contrastando em lacunas e prejuízos a formação de um espaço econômico genuínamente global.

Assim sendo, prevalece o caráter corporativo, formado por executivos de corporações transnacionais e suas filiais locais, segundo Martuscelli (2012), havendo a fração estatal, configurada por burocratas e políticos globais, tambem constatada na fração técnica, organizada por profissionais globais, e a fração consumidora, formada pelos negociantes e pela mídia.

Logo, caracteriza-se o aspecto transnacional dessa classe capitalista, prevalecendo os interesses econômicos e associações em torno de um plano global e não nacional ou local, conforme indica Martuscelli (2012), onde os membros dessa classe exercem controle econômico no local de trabalho, havendo também controle político na política doméstica e internacional, e o controle da cultura ideológica da vida cotidiana, portanto, a classe capitalista transnacional dissemina estilos de vida, permitido e condicionados pelos padrões escolares engendrados ao consumo de luxo de bens e serviços, onde os membros da classe capitalista se projetam como cidadãos do mundo em escala global.Aludindo aos altos quadros das grandes empresas e no âmbito do Estado, elevando-se o status dessa camada e categoria social, em administrar os conceitos burgueses dos negócios, dando mais importância ao cenário global do que ao nacional, não devendo-se esquecer dos grandes acionistas que controlam as grandes empresas, enquanto fator preponderante de investigação intelectual.

Avalia-se a correlação entre as burguesias européias e estadunidenses, prevalecendo a organização entre ambas ao organizarem eventos internacionais, envolto ao fórum econômico mundial e do clube bilderberg, concentrando grandes acionistas e dirigentes de grandes corporações privadas, e da alta cúpula estatal das grandes metrópoles capitalistas, constituindo a chamada 'unidade atlântica'.

Nesse sentido, trata-se da unificação da burguesia transnacional, sendo um processo visível desde a formação das organizações maçônicas, caracterizando a hegemonia burguesa neofascistaliberal. Portanto, tais acordos e encontros internacionais, são essenciais para que as burguesias atlânticas façam seus acordos espúrios, e planejem quais estratégias adotarem, contando com o notório e imprescindível apoio do Estado buguês ultraliberal.

Ao descobrir-se, que a concepção da memória envolve-se com o insconsciente, observa-se novos fatos, de acordo com Lacan (1966), sobretudo ao compreender a forma generalizada na relação entre os seres humanos, embora, seja necessário redescobrir a problemática e sua relação com a degradação, avaliando os possíveis dados disponíveis.

Entretanto, torna-se imperativo um projeto, abrangendo advinhação e investigação, sobretudo diante do objeto anterior do incosciente, sendo visível a originalidade, reencontrando o que estava deliberadamente perdido. Nesse sentido, trata-se do princípio da oposição, constatando a questão da existência e da reminiscência, sobretudo em torno da repetição.

Portanto, o pensamento humano desagua sobre a observação e diferença entre a concepção antiga e moderna dos seres humanos, conforme indica Lacan (1966), analisando o caráter humano e decisivo com relação a consciência, ou seja, da necessidade da repetição de variados processos. Desta forma, existe o simbólico, podendo constituir a natureza humana.

Exerce-se, a rememoração considerando algo que deve ser experimentado, que de forma implícita, os dados podem divagar no ar, segundo Lacan (1966), entretanto, deve-se considerar o caráter original em evidência, onde evocam-se elementos da vida, apontando para o instinto da morte.

Refere-se a uma necessidade lógica, abrangendo carência e desejo, entretendo-se a várias afirmações, que podem escandalizar os indivíduos que se obscurecem pelo sono da razão, portanto, "graças aos monstros que ele engendra". (LACAN, 1966, p. 53).

Desta maneira, uma questão fundamental formalizante se apresenta, denotando um jogo em que algo desaparece e reaparece, tratando-se de um dado objeto, indiferente em sua natureza, alternando suas distinções, ou seja, surgem aspectos radicais que determinam o animal humano que se influencia para a ordem simbólica.

> O homem, literalmente, dedica seu tempo a desdobrar a alternativa estrutural em que a presença e a ausência toma uma da outra seu apelo. É no momento de sua conjunção essencial, e por assim dizer, no ponto zero do desejo, que o objeto humano cai sob o golpe da dificuldade, que, anulando sua propriedade natural, o subjuga doravante às condições do símbolo. (LACAN, 1966, p. 53).

Nesse sentido, abrange-se a ideia que determina o significante e o significado, sobretudo diante de uma amostra luminosa, onde o ser humano entra numa ordem, sendo acolhido pela forma da linguagem, havendo sincronia e diacronia. Contudo, emerge-se a sobredeterminação, tratando-se da acepção da questão simbólica.

Portanto, apresenta-se a conotação por algo positivo ou negativo, segundo Lacan (1966), culminando numa estratégia fundamental entre presença e ausência, demonstrando que as determinações simbólicas reverbera numa realidade que se divide ao acaso.

Sobressai-se, a simetria da constância ou de alternância, bem como uma notória dissimetria, sendo percebido características peculiares entre os signos semelhantes. Nesse sentido, surgem séries constituídas, em torno de possibilidades e impossibilidades, numa situação frequentemente reaberta, abrangendo o dualismo das organizações simbólicas.

Designa-se, certa aberração de conduta, conforme avalia Lacan (1966), manifestando-se por disparate, as vezes de forma insuficiente em sua retomada renovadora, sobretudo em inúmeras organizações dualistas, determinando aspectos da antropologia estrutural.

Compõe-se a a formação do símbolo primordial, como proposta indicativa de uma evidente estrutura, convertendo-se em transparencia entre seus dados, surgindo uma relação entre lei e memoria. Contudo, trata-se de uma possivel determinação do significante, podendo ser opaco em certa ocasião, convertendo numa notoria sintaxe de elementos, destacando uma aplicação binária e quadrática.

Deve-se conjugar os simbolos em simetria, podendo ser notavel a dissemetria entre as possibilidades formais, conforme indica Lacan (1966), simbolizando os significados em conjunções cruzadas. Constatando a restauração entre as possiveis igualdades de oportunidades.

Nesse sentido, de acordo com Michelato e Colucci (2020), torna-se imprescindivel uma importante organização social, onde os individuos explorados, devem promover uma real transformação social da estrutura da sociedade, potencializando as oportunidades de desenvolvimento dos seres humanos.

Portanto, o progresso técnico científico pode resultar em profunda apropriação de conhecimento, de acordo com as condições historicas da humanidade, devendo-se compreender a necessaria dignidade em sociedade, liberta da exploração e opressão de classe, buscando qualidade de vida e paz entre os povos.

Desta forma, de acordo com Colucci e Michelato (2020), deve-se sistematizar uma provavel e necessaria nova forma de sociedade, onde os meios de produção sejam socializados e seja extirpada as inumeras formas de desigualdades e injustiças, culminanod de fato na era da liberdade e reino da felicidade, organizando uma sociedade realmente humana.

Trata-se de forma de produção social humanista, onde a autogestão e divisão serão equitativas, portanto, os individuos convivendo de acordo com suas necessidades, em plena democracia a justiça social, extinguindo o individualismo e sentimento egoista e mesquinho das pessoas, reforçando a participação social e de trabalho a todos, preservando inexoravelmente a natureza e biodiversidade.

Michelato e Colucci (2021), defendem o uso ampliado da IA – Inteligência Artificial propondo beneficios sociais, gerando a gestão do conhecimento e das pessoas que interagem sobre ela, justificando formas alternativas de organização social.

Todavia, o uso da IA pode trazer unumeros progressoas a vida em sociedade, desenvolvendo consideravelmente todas as capacidade e habilidades dos individuos, compreendendo organização e gestão do relevante conhecimento.

Objetiva-se libertar-se da apatia e moralismo capitalista, onde o conhecimento pode ser explorado paulatinamente de forma ampla e gradual, em prol da consciencia coletiva e bem estar social, apontando para uma sociedade significativamente humanista, do ponto de vista da essencial geração de trabalho, renda e preservação da especie humana e da natureza.

Nesse sentido, impera a interação entre os agentes e atores sociais, buscando conhecimento com o uso da IA e segundo o progresso da ciencia, tendo em vista o permanente processo de aprendizagem e colobaroção entre os povos engajadas e preocupados com o futuro da humanidade, diante de tamanha exploração e degração ambiental, em vista do lucro e da escassez entre os individuos, conforme indica Michelato e Colucci (2021).

Contudo, deve-se haver o imprescindivel reconhecimento social aos envolvidos por uma causa, de fato humanista, abrangendo a consciencia de utilização da IA, promovendo maior participação e justiça social, portanto, o constante repensar das formas estruturais e organizativas.

Refere-se a uma nova forma moral e ética, estruturando e formando novas bases de organização social, de acordo com Michelato e Colucci (2021), tratando-se de modificar e melhorar a sobrevivencia entre os povos, permitindo equidade e solidariedade humana.

Todavia, não existe felicidade frequente, segundo Rodrigues (2021), demonstrando que a felicidade significa picos de emoções que variam de acordo com os acontecimentos, relativo a questão do necessario equilibrio do ser humano. Portanto, existem variações de sensações de felicidade, correspondendo a caracteristicas de alegria, satisfação, bem-estar, prazer, entre outros.

Desta forma, os seres humanos necessitam de equilibrio, elevando as sensações de felicidade dos individuos. Trata-se da homeostase que facilita a liberação de neurotransmissores que proporcionam a sensação de felicidade, de seus picos vinculados a sua potência, conforme indica Rodrigues (2021).

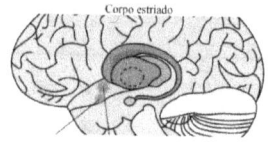

Rodrigues, 2021.

A imagem se refere a felicidade enquanto fenômeno subjetivo, de acordo com Rodrigues (2021), considerando fatores psicologicos e socioculturais das mais variadas formas de sociedade, relacionadas a agradabilidade e prazer enquanto situações de recompensa, envolvidos ao cortex oibitofrontal e o corpo estriado.

> A felicidade varia de acordo com o indivíduo, algumas pessoas sentem felicidade mais intensas do que as outras, não há um padrão de felicidade que não seja determinada de forma individual. Uma pesquisa feita pela Universidade de Kyoto liderada por Wataru Sato, estudou a felicidade ao escanear os cérebros de diversos participantes estimulados à sentir essa emoção, com ressonância magnética. Os que tiveram maior pontuação, com mais felicidade, tinham mais massa cinzenta, células neuronais, na região do lóbulo parietal, precuneus. As pessoas com maior intensidade de felicidade, sentem menor intensidade na tristeza e são mais capazes de encontrar sentido na vida apresentam precuneus maiores. Isso leva a crer que número de neurônios e de ramificações dendríticas contribuem para o aumento da massa. (RODRIGUES, 2021, p. 155).

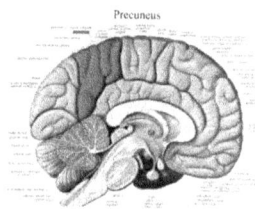

Rodrigues, 2021.

Portanto, a felicidade se relaciona a questão subjetiva do ser humano, podendo ser reconhecida como objetivo final da vida, formando-se ao longo do tempo, influenciado por fatores geneticos e de fatores emocionais, ao sentir mais prazer ou menos desprazer, bem como aspectos cognitivos consistindo em avaliar sua propria vida como boa.

Nesse sentido, areas do cerebro são ativadas, de acordo com o criterio de felicidade, relativo ao cortex parietal medial e amigdala, compreendidos pela meta-analises, segundo os estados emocionais possiveis. Nesse interim, comprovados mediante ressonancia magnetica, testando variadas hipoteses, compreendendo a intensidade emocional positiva e negativa, bem com do proprio proposito de vida. Contudo, ressalta-se a questão da ansiedade e seus traços subjetivos que podem variar de acordo com seus estados.

Nesta seara, proposito de vida combinado a emoção positiva e negativa, estão relacionadas ao volume de matéria cinzenta, conforme aponta Rodrigues (2021), embora apresentam componentes emocionais e cognitivos. Ademais, o aumento de massa cinzenta induz a estado emocionais de felicidade, relaciado a ativação do córtex parietal medial.

O precuneu demonstra estudos empiricos e teoricos que se relacionam a felicidade subjetiva, apresentados em processos de neuroimagem funcional da região pré-cuneiforme desencadeando o maior nivel de metabolismo da glicose cortical no cérebro, enquanto fator relevante da consciência subjetiva dos seres humanos.

Destaca-se a produção e alteração de experiencias subjtivas, de acordo com Rodrigues (2021), constatando a felicidade subjetiva através da avaliação do precuneus. Aplica-se ao nivel de estrutura neural, recebendo projeções corticais e subcorticais, comunicando-se com areas generalizadas, relativo ao processamento autorreferencial, retratando a experiencia interna atual, relacionada a memoria passada e planos futuros, integrando informaçoes internas e externas, onde o pré-cuneiforme permite a relação entre diversas integrações e felicidade subjetiva.

Implicações práticas, definem criterios da felicidade subjetiva, como o sucesso na vida e boa saude fisica, caracterizando a felicidade subjetiva como algo mais importante do que o sucesso economico, variando de acordo com as culturas existentes e das populações, até mesmo os deficientes intelectuais, assim sendo, a neuroimagem estrutural pode vir a complementar a felicidade sujetiva.

Contudo, sua construção é imutável, segundo Rodrigues (2021), demonstrado mediante certas atividades psicologicas, como a meditação, que pode alterar a estrutura cinzenta pré-cuneiforme, podendo aumentar a felicidade subjetiva, induzindo a emoções felizes.

Todavia, outras regiões do cérebro podem estar relacionados ao estado de felicidade. "O bem-estar eudaimônico estava positivamente associado ao volume do córtex insular direito e que a satisfação com a vida estava positivamente associada ao volume do giro para-hipocampal direito e negativamente associado ao córtex pré-frontal ventromedial esquerdo e aos volumes do pré-cuneiforme esquerdo". (Rodrigues, 2021, p. 159).

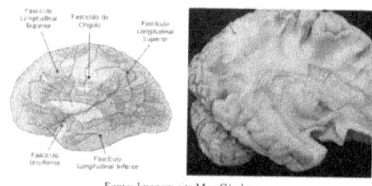

O fascículo do cíngulo (FCG) é um feixe longo de fibras que passa internamente ao giro do cíngulo e continua no giro parahipocampal, sendo componente importante do sistema límbico. Interliga uma região que vai desde a porção subcalosa até o lobo temporal (formação hipocampal) (ANDRADE, 2015)

Fonte: Imagem site Meu Cérebro

Rodrigues, 2021.

Todavia, o neurotransmissor dopamina se relaciona a agradabilidade, prazer e sensação de recompensa, libertado pelo organismo de maneira natural, por meio de uma experiencia agradavel, perpassando pelos neuronios, propagando prazer, aumentando a acetilcolina, elevando a vigilia e a memoria, relacionando-se a cognição, prazer e bem estar, subjacente ao processos de recompensa em querer novas experiencias e surpresas agradaveis, bem como de prazer antecipatorio e de deteção de erros e previsao de perdas.

Tratando-se da vontade de experimentar coisas novas e diferetes, conforme indica Rodrigues (2021), culminando na redução da motivação e memorização\evocação, podendo se recompensando a mais do que o esperado, onde neuronios dapaminergicos aceleram com mais potencia, reduzindo o desejo e a motivacaõ para atingir a recompensa, ou seja, sendo constatado que foi atingido o pico, em consequencia ocorre o esquecimento, tornando-se funçao especial do processo mnésico, ocasionando reversão da aprendizagem, enquanto mecanismo de reciclagem que podem prejudicar as memorias pouco evidenciadas, apresentando a consolidação mnésica, onde a dopomina protege as memorias mais relevantes vinculadas ao processo de recompensa e identificação de erros, ou seja, as memorias mais felizes e infelizes.

Em seguida, destaca-se a serotonina como um neurotransmissor que formula os estados de humor, compreendendo as sensaçoes de bem estar e felicidade, relativo ao processo de memorização, bem estar e quando há o sorriso espontaneo, bem com no processo de reprodução e dominancia social, segundo Rodrigues (2021), podendo elevar-se pelo consumo de aspartame, reduzindo a agressividade, relacionando-se ao neurotransmissor funcional, contudo, as mulheres possuem mais receptores de serotonina e menos potencial no hipocampo, elevando a discrepancia entre os estado de humor mediante os generos.

Outro componente como a oxitocina, aumenta as sensaçoes de confiança permitida por meio do contato humano afavel e amoroso, atraves de carinhos, abraços e beijos, bem como outros mais excitantes, pelos orgasmos, de acordo com Rodrigues (2021), relativo a laços afetivos entre pais e filhos, e na capacidade dos individuos sentirem-se bem e de sentimentos de segurança.

Todavia, pode haver mudança na forma de pensar e decidir, por meio do aspecto emocional positivo ou negativo, nos mais variados niveis, envolvendo traços de empatia, vista há um tempo como harmonia do amor, demonstrada em niveis de confiança, vinculaçao, ansiedade e compreensao social.

Facilitando as relaçoes entre sujeitos, das mais diversas formas, em detectar expressos emocionais em torno de memorias familiares, em relaçoes de mae e filho, até mesmo de namoro e escolha de parceiros, verificando o comportamento sexual e social de determinados grupos e suas definiçoes de confiança.

Podendo tambem, contrastar com o processo de afastamento, bem como numa relaçao conjugal, podendo ser intensificadas por tais neurotransmissores, denotando as aspectos positivos e negativos, variando conforme o estado que se encontra, na procura por relaçoes de confiança, ocorrendo nas mais diversas relaçoes, seja entre professor e aluno, terapeuta e paciente, entre outras, protegendo contra o stresse, proporcionando maior autoconfiança e reduzindo medos e fobias, promovendo o surgimento de novos neuronios que reprimem as variantes supressoras causadas pelo stresse, conforme expoe Rodrigues (2021).

Desta forma, existe o cortisol que é produzido mediante situaçoe de stresse e elevada ansiedade, interferindo na função hipocampal, importante para a aprendizagem, memorizaçao e evocação de memorias, podendo ocorrer lesoes irreversiveis no hipocampo, prejudicando a capacidade de aprendizagem, bem como impedir o resgate de memorias, ou seja, estudar até tarde prejudica o sono e aumente os niveis de cortisol, reduzindo a capacidade de aprender e recordar, ocasionando até o aumento de peso, numa relação entre obesidade, sobrepeso e tabagismo, o que pode afetar o nivel de ansiedade e afetividade negativa.

Evidencia-se tambem, a endorfina, libertada no organismo atraves de situaçao de dificuldade com a dor e o estresse, segundo Rodrigues (2021), considerando os neurotransmissores que permitem que tais situaçoes aconteçam, onde a dopamina compreende o pico pelo que é feliz, contando com a colaboraçao dos demais neurotransmissores, havendo uma homeostase, sendo imprescindivel o equilibrio.

Portanto, pessoas com QI elevado conseguem ser felizes mesmo solitárias, pois possuem círculos menores de amizade, ou seja, essas pessoas não almejam morarem em grandes cidades e se sentem bem com menos interações, satisfazendo-se com atividades que ocupem seu tempo, atuando com foco e determinação que resultam em várias formas de empolgação.

Nesse sentido, pessoas com maiores níveis de QI são mais felizes do que as pessoas com menores níveis de QI, de acordo com Rodrigues (2021), compreendendo aspectos como renda, onde pessoas com QI mais elevado tende a terem uma renda maior ou mais equilibrada. Portanto, a inteligência pode determinar a felicidade, bem como as regiões cerebrais relativas a inteligência.

> A felicidade, como descrito neste artigo, advém do equilíbrio emocional, da homeostase, que é a habilidade de manter o meio interno em equilíbrio constante com o meio externo independent de alterações. O homeostase neuronal também está relacionada com sincronia e equilíbrio dos neurotransmissores para uma maior

facilitação da felicidade. A felicidade também está relacionada a questões socioeconômicas e ao equilíbrio, as pessoas que possuem baixa renda se preocupam mais, tem maiores chances de problemas de saúde, precisam de mais ajuda com habilidades da vida diária, mais sintomas de sofrimento psíquico e os que tem muito perdem o objetivo, razão e motivação das conquistas. (RODRIGUES, 2021, p. 163).

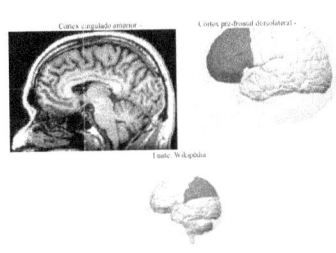

Rodrigues, 2021.

Destarte, os estudos indicam que o pico de felicidade engendra-se a dopamina, potencializadas pela serotonina, dopamina, ocitocina e cortisol, devendo estar em bom funcionamento, definida pela homeostase enquanto pressuposto essencial, sabendo-se do necessario equibrio na vida, podendo ser encontrado um important estado de conforto e bem estar, relativo a cultura e personalidade dos sujeitos, em liberar os neurotransmissores da felicidade e de sua intensidade, conforme discorre Rodrigues (2021), onde comportamento e habitos, probalidade genetica, inteligencia e homeostase atuam enquando desencadeadores de felicidade, abragendo habitos, alimentaçao, exercicio fisicos, tratamento, entre outros aspectos relevante ao equilibrio e controle emocional, pensamentos, comportamentos e habitos, definidores da homeiostase enquanto resultado dessas interações e fatores genéticos.

Segundo Jung (1983), o sistema subjetivo de valores, vincula-se a energia psíquica, possibilitando avaliações quantitativas, onde cada ser humano é capaz de avaliar e compreender o sistema de valores psicológicos, de acordo com as quantidades energéticas, compreendendo o sistema objetivo de valores, sobretudo de medidas objetivas, implicando em valores morais e estéticos relativos a coletividade.

Apresenta-se o sistema subjetivo de valores, partindo de cada ser humano, considerando formas pacificas de convivencia em coletividade e biodiversidade, reverbedando em tranquilidade e paz social, respeito pelo próximo e fim das desigualdades.

Trata-se de condicionamentos da força relativa, em alcance pelo homem, de acordo com Jung (1983), avaliando conteúdos e metas distintas, em acordo a uma determinada idéia científica e algum sentimento, sobrepondo-se a conteúdos conscientes, podendo ultrapassar os limites da consciência.

Portanto, existe uma relação compensadora, entre consciente e inconsciente, determinando valores e crenças pré-estabelecidas, partindo de um ponto de vista energético, agindo segundo o fenômeno psicológico, onde valores podem desaparecer, de forma subjetiva, se apresenta as necessárias considerações, permitindo que a intuição e o sentimento, sejam peças chave em cada sujeito, compreendendo os possíveis recalques e deslocamentos de afeto, considerando uma avaliação indireta e também objetiva.

Citando Jung (1983), "a criança já se exercita desde muito cedo em diferenciar sua escala de valores, ponderando qual dos dois ela mais ama: se o pai ou a mãe; quem é que vem em segundo ou terceiro lugar e que ela mais odeia". Evidenciando, dessa maneira, um sistema de hierarquia, e de como se constrói essas relações.

2. SERVIÇO SOCIAL E REALIDADE EM PLENO SÉCULO XXI

Atualmente evidencia-se o recrudescimento do conservadorismo, implicando negativamente a maoiria da população mundial, em romper com o sistema capitalista neoliberal, relativo a atuação do profissional assistente social, em avaliar a problemática da questão social, compreendendo aspectos fundamentados pela matriz histórico-ontológica, em participar da realidade em diversos feitios, como aponta Yazbek (2020), numa relação entre serviço social e realidade social, buscando enfrentar a ofensiva conservadora na qual se insere o mundo em suas relações socias de produção e exploração do capital.

Portanto, trata-se de lutar no sentido da transformação social estrutural, de acordo com a realidade apresentada, permeada pelo posicionamento histórico-crítico, segundo a teoria social de Marx e da tradição marxista, propondo um projeto novo de sociedade, que seja hegemônico, abrangendo a perspectiva teórico-metodológica, ético-política e técnico-operativa.

Neste sentido, a teoria social marxiana se faz presente, em trabalhar frente as demandas postas pelo capital neoliberal, na ordem buguesa decadente, em configurar as periferias, concentradas em pobreza e desempregro estrutural, inerente ao sistema capitalista neoliberal em evidência.

Contudo, o assistente social atua na luta contra a pobreza, promovida pelo sistema degradante atual, em suas mais variadas expressões da questão social, em organizar estratégias de enfrentamente a tal sistema miserável, do ponto de vista humano e social, em construir uma sociedade democrática e participativa, onde o profissional atua e verifica imensa desigualdade social e injustiças.

Desta forma, o trabalho do assistente social delineia-se em acompanhar demandas postas pelo capital, de acordo com seu processo de acumulação e financeirização da economia, conforma indica Yazbek (2020), onde a intervenção profissional ocorre, engendrada a apreensão da realidade totalizante, em movimento contraditório, onde o ser social insere-se em suas mediações.

Assim sendo, as relações sociais acontecem através de situações, instituições e contextos nas mais variadas totalidades, de acordo com a sociedade capitalista, revelando e ocultando o que se coloca de imediato, em transformar a vida social, abrangendo a vida material, bem como a reprodução espiritual da sociedade em torno da consciência social onde a humanidade se constitui. "Desta forma, a reprodução das relações sociais é a reprodução de toda a trama de relações da sociedade". (YAZBEK, 2020).

Apresenta-se, um contexto multifacelado, onde o serviço social estrutura-se, promovendo a segunda divisão social do trabalho, conforme expressa Yazbek (2020), abarcando fundamentos sócio-técnicos, bem como sexual e étnico-racial, de acordo com a centralidade do trabalho, onde configura-se os trabalhadores e suas lutas em definir a sua natureza e tom, transpondo as bases capitalitas, promovendo justiça social e socialização da riqueza produzida por todos.

Todavia, a produção de conhecimentos deve ser constante, onde todos devem engajar-se em produzir e pesquisar, avaliando a comprovação científica em propor a superação do sistema capitalista.

A Contituição Federal de 1988, apresenta em seu titulo I, art. 1º, valores como a cidadania, dignidade da pessoa humana, valores sociais do trabalho e da livre iniciativa, em promover o Estado democrático de direito, garantindo a democracia plena e a justiça entre os povos.

A contrução de uma sociedade justa se faz imprescindível, tendo em vista a hormonia social e a preservação da vida e da natureza em todo planeta, evitando a enorme poluição causada pelo sistema capitalista neoliberal que emburrece e embrutrece os seres humanos e intensifica os problemas sociais e as várias formas de desigualdades, formatada de acordo com a ordem burguesa.

Exemplos podem ser elencados, como indica a ONU – Organização das Nações Unidas (2021), que utiliza-se da tecnologia e da ciência para tratar da violência causada pelo sistema atual, em gerar imensas violações de direitos humanos, desigualdades e injustiças por todo o território global, destruindo toda a natureza, em vista do lucro e do individualismo.

Trata-se das manifestações de reprodução do sistema capitalista, que acontece há séculos e deve ser moficada, visando-se garantir uma vida saudável a humanidade, preservando sobretudo os ecossistemas e a biodiversidade, neste sentido, deve-se configurar outra forma de sociedade, liberta do capital neoliberal, onde predomine a democracia plena e a justiça social.

O trabalho ocorre através do desenvolvimento da ciência e da tecnologia, de acordo com a ONU (2021). "promoção do Estado de direito, da paz e da Iniciativa Educação para Justiça, que é parte do Programa Global do Unodc para Implementação da Declaração de Doha".

Desta maneira, políticas públicas eficazes devem ser implementadas, permitindo a aproximação com a população em situação de pobreza e pauperismo, promovendo a distribuição de renda, deslocada da burguesia parasitária, reduzindo índices gritantes de desigualdades espalhados por todo o mundo, garantindo a paz social há humanidade.

A agenda 2020 da ONU, deve ser alcançada pelos 193 países do mundo e nos mais diversos territórios, evoluindo em diálogo e respeito entre os povos, livre da eugenia vigente em pleno século XXI, sendo inadmissível do ponto de vista dos direitos humanos e sociais, em promover uma sociedade justa e democrática, livre do capitalismo podre e repleto de crises e desigualdades estruturais, conforme vasta evidência científica mundo afora discorre, sendo necessário a reconfiguração e transformação social estrutural.

Na imagem abaixo, segundo o IBGE (2003), é flagrante a pobreza no Brasil, principalmente na região norte, devendo-se ampliar políticas sociais que atendam satisfatoriamente essa parcela populacional esquecida pelo Estado burguês.

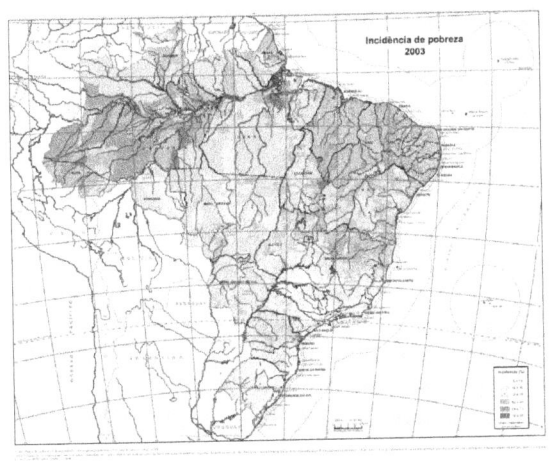

IBGE, 2003.

O posicionamento crítico profissional, permite análises profundas sobre a conjuntura burguesa, que degrada e reproduz inúmeras formas de desigualdades, devendo ser abolida, tendo em vista o sistema social democrata, socialista e comunista, buscando inexoravelmente o uso das mais diversas ciências e tecnologias que promovam bem estar social e justiça entre os povos de todo o mundo.

Desta forma, os valores culturais coletivos devem ser valorizados, permitindo uma nova forma de sociedade, onde não haja concentração de renda e riquezas naturais, como ocorre neste sistema corrupto capitalista gerador de problemas a marioria da população, que sofre com os inúmeros problemas causados pelo sistema vigente e pela sua reprodução social de mazelas. Portanto, o serviço social produz conhecimentos aprofundados acerca da realidade social, em vista do trabalho coletivo, sobretudo sobre as condições de vida da população usuária de serviços púbicos, com baixa escolarização e alienada do processo de produção capitalista.

Assim sendo, uma determinada realidade social se constrói, de forma econômica, cultural e social, onde se constitui uma certa e material sociedade, abordando do ponto de vista teórico, social e político, em sua inserção na sociedade burguesa, analisando profundamente a sociedade capitalista, onde insere-se as demandas do profissional assistente social, permitindo uma determinada avaliação crítica, onde imbrimcam-se sociedade e Estado burguês, por mediação de políticas sociais.

Desdobram-se múltiplas dimensões e manifestações, onde surge a sociabilidade humana, interagindo com a prática profissional, havendo características particulares, conforme expõe Yabek (2020).

> Ao afirmarmos o caráter histórico e político do Serviço Social que resulta de relações sociais, econômicas, políticas, culturais que moldam sua necessidade social, suas características e definem seus usuários, partimos da posição de que a profissão é uma construção histórica e contextualizada, situando-se nos processos de reprodução social da sociedade capitalista, sendo objeto de múltiplas determinações historicamente processadas. (YAZBEK, 2020, p. 295).

Desenvolve-se um processo complexo, de reprodução da totalidade de relações sociais, onde pode ser instaurado o novo, o diverso, avaliando as contrandições e as mudanças intrínsecas e história da humanidade, estando em constante reelaboração, criando uma sociedade de classes, onde persiste o conflito, sendo necessário a superação de tal sistema.

Torna-se essencial o respeito a autonomia profissional do assistente social, onde formulam-se os processos sociais, constitutivos da vida em sociedade, havendo duas dimensões, de acordo com variações sociais, econômicas e políticas, segundo se desenvolve a história, bem como os projetos dos sujeitos envolvidos neste processo, como discorre Yazbek (2020).

Contudo, permanece a condição de assalariamento, no cotidiano profissional, onde há projetos em disputa, em qualquer contexto, devendo-se romper com abordagens doutrinárias, positivistas e conservadoras, onde sofremos imensa perseguição, engendrando-se de diversas formas.

Neste sentido, o capitalismo penetra na vida social, bem como no modo de pensar da sociedade, de forma global, em nexo a cultura política brasileira, políticas sociais, áreas de trabalho, sobretudo a vida das classes subalternas, onde se aprecia nosso trabalho profissional, sobrecarregado de resistências, onde o pensamento marxiano deve prevalecer, no caminho conjunto a tradição marxista, apresentada de forma plural e democrática, onde desdobra-se a ofensiva conservadora, numa conjuntura extremamente desigual e sufocante a quem vende sua força de trabalho.

Avança-se o ideário ultraliberal, predatório e banalizador, num contorno de devastação, determinando uma fase destrutiva e de intensa barbárie neoliberal e financista, promotora de acumulação, desigualdades e injustiças.

> Os indicadores que revelam esse quadro crescem a cada dia, agravados há alguns meses, pelo contexto da pandemia da Covid-19, que vem evidenciando a desigualdade estrutural do país. Desigualdade que cresce no mundo global e especialmente na América Latina. No relatório de desenvolvimento humano de dezembro 2019, do Programa das Nações Unidas para o Desenvolvimento (PNUD), a América Latina foi apontada como a região do mundo com a maior desigualdade de renda e o Brasil como o 7o país mais desigual do mundo. Neste continente, os 10% mais ricos concentram uma parcela maior da renda (37%) do que em qualquer outra região do planeta ou cidade, segundo o estudo. (YAZBEK, 2020).

Sabe-se, que a forma degradante com a qual se trabalha com a natureza, é destruidora, de acordo com os princípios do sistema capitalista neoliberal, onde persiste a regressão econômica e social, sobretudo diante dos impactos nocivos a América Latina, bem como a dizimação da natureza, predominando o desmatamento, a mudança climática e a elevação dos gases que compõem o efeito estufa, propagando-se doenças virais, como a atual covid-19 e demais doenças propagas pela burguesia em seu sistema predatório.

Apresenta-se as contradições do sistema neoliberal, onde o Estado passa a ter que dar conta dos problemas ocasionados pelo sistema capitalista, e seu modo de produção destruidor, onde bancos lucram trilhões, e apenas uma classe obtém bons resultados com a desgraça alheia, ou seja, a maior parte da população trabalhadora morre com vírus, doenças e demais prejuízos causados por tal sistema.

Predomina-se o desemprego estrutural, onde mais de 11 milhões de pessoas encontram-se desempregadas, em pleno século XXI, de acordo com Yazbek (2020), neste sentido, mulheres negras sofrem de forma crescente e contínua com tal sistema mesquinho e conservador, prevalecendo-se a informalidade e ocupações por conta própria, atual pejotização, partindo de uma concepção de uma sociedade onde todos são empreendedores, impregnada por tal receituário neoliberal capitalista, que condiciona a maioria da população em situação de caridade e filantropia.

Pravalece a financeirização da economia e a acumulação capitalista, segundo Yazbek (2020), evidenciado crises em todos os territórios, havendo enorme reestruturação produtiva, com impactos no mundo do trabalho, abrangendo questão social e política social, onde o assistente social atua, intervindo no campo da desigualdade social promovida e intensificada pelo sistema capitalista neoliberal.

Neste sentido, radicaliza-se a questão social, de acordo com as relações capitalistas, aprofundando-se a exploração do trabalho, reduzindo o número de trabalhadores contratados, ampliando-se o desemprego estrutural, precarizando e deteriorando a qualidade do trabalho, dos salários estagnados, bem como das condições em que se exerce o trabalho, agravando-se segundo as determinaçoes de gênero, geração, raça e etnia.

Todavia, o Serviço Social trabalha com a questão social e as várias formas de desigualdades, enquanto formação da sociabilidade capitalista, onde se reformula e se redefine, em sua divisão da sociedade em classes e da riqueza socialmente produzida e construída, onde a apropriação é desigual no sistema burguês. Desta forma, a classe que vive do trabalho deve resistir a opressão deste perverso sistema, determinando sua consciência de classe.

Com relação ao coronavírus (covid-19), na amazônia encontra-se mais de 3,2 mil tipos diferentes deste vírus, onde nem todos são fatais aos seres humanos, embora a cada 1% de avanço do desmatamento na Amazônia, expande-se em 23% os casos de malária e 9% de leishmaniose, de acordo com Yazbek (2020).

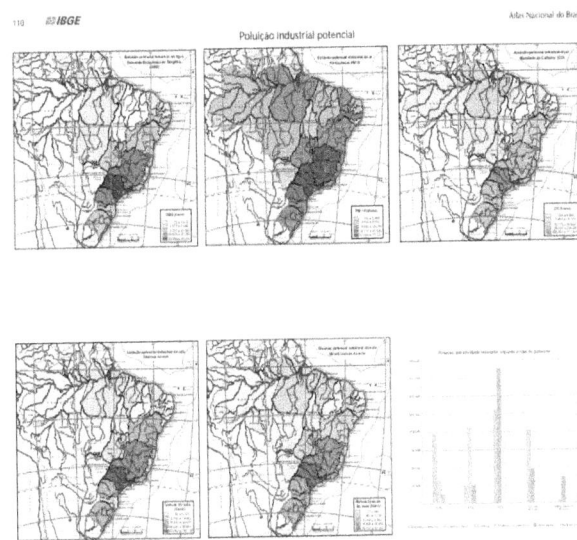

IBGE, 2010.

Explana-se, mediante a imagem apresentada pelo IBGE (2010), índices alarmantes de poluição, sobretudo nas regiões consideradas mais ricas e pujantes economicamente, permeado pela luta de classes e geração de variados problemas a maior parte da sociedade, pertencente a classe trabalhadora, desempregada e oprimida pelo modo de produção capitalista.

Evidencia-se, como é predatório o sistema capitalista neoliberal atual, em degradar, destruir e provocar doenças em ambiente global, afetando negativamente a vida de todos, conforme vivemos em pleno século XXI. Condensa-se inúmeras desigualdades, onde a dimensão estrutural deve fortalecer-se a produção social socializada, valorizando cidadania, direitos civis, sociais, políticos e humanos.

Trata-se de abolir a sociedade entre senhores e escravos, rompendo com o patrimonialismo e paternalismo na sociedade brasileira, numa conjuntura bipolar, entre donos e explorados, onde o capitalista dependente se ancora, segundo as características peculiares do Brasil em figurar entre os países mais desiguais do mundo.

Assim sendo, o sucesso da dominação burguesa acontece numa conjugação entre avanço e atraso no Brasil, tendo como ponto principal de transformação do pais, sobretudo a natureza deste sistema necessita ser decifrada, conforme indica Yazbek (2020), desqualificando e despolitizando a política, bem como a sociedade em sua maior parte.

Ou seja, não interessa a este capital a geração de políticas públicas e sociais eficazes, sobrepondo-se ao capital financeiro que acumula riquezas e lucra as custas da miséria do povo, em torno do capitalismo contemporâneo global, carregada de flexibilização produtiva, numa forma nova do mundo do trabalho, ocasionando o crescimento do desemprego, redução de salários, precarização do trabalho e redução de direitos, aumentando o trabalho desprotegido e informal, aumentando pobreza e destruindo a proteção social. São observadas mudanças no âmbito da sociabilidade e da cultura política, sustentando a ordem capitalista, bem como o amplo processo de acumulação, numa completa ofensiva conservadora, com avanço do irracionalismo, obscurantismo, e ameaças a democracia e redução de direitos, em defesa do tradicionalismo, da naturalização da desigualdade, no aumento de preconceitos, do racismo, feminicídio, homofobia e na criminalização de movimentos sociais, entre outras características nefastas ao mundo e a humanidade, propagadas pelo capital.

Desta forma, o poder global das forças conservadoras expandem-se, com alto teor de violência e barbárie, comparado ao século XX, relativo aos anos de 1930, bem como aos períodos de guerra mundial e anos de ditadura militar no Brasil, comprovando que tais forças perversas nunca desapareceram, havendo apenas um recuo estratégico, no aguardo de seu retorno catastrófico a maioria da população mundial.

Evidencia-se o capitalismo financeirizado, que necessita de dirigentes inescrupolosos no poder, enquanto capangas que cumprem o trabalho sujo, essencial ao Estado neoliberal burguês, que destrói a democracia e a república, erradicando quem pensa de forma crítica, bem como quem atua perante a transformação social estrutural do capitalismo, incomodando os neoconservadores classistas e racistas, reforçados pelo caráter colonial e escravocrata, dissolvendo a ética e os valores relacionados a dignidade humana, onde se desenvolve as tacadas da burguesia parasitária e excludente.

Neste sentido, refuncionaliza-se o conservadorismo no âmbito da sociedade burguesa, como apresenta Yazbek (2020), no trabalho de manutenção da ordem capitalista, num processo histórico entre 1848 e os tempos atuais, desvelando as expressões ultrarreacionárias deste sistema sinistro.

Na imagem a seguir, avaliada por meio do IBGE, fica constatado as ameças a biodiversidade, como as formas degradantes de existência, permeadas por queimadas, devastação de biomas, poluição, agronegócio, pesticidas e modos exploratórios que somente observam a retirada e obtenção de lucros do solo.

IBGE, 2010.

Um projeto de sociedade forjado nas bases dos que sofrem com a extrema pobreza, trabalhadores, desempregados, entre outros, considerarem uma nova forma de sociedade e da construção de um projeto, voltado para o fortelecimento do trabalho, livre da exploração, pelo viés avançado da ciência e tecnologia, propiciando desenvolvimento sociocultural e socioeconômico. Contudo, trata-se de trabalhar junto aos excluidos pelo modo de produção atual, implentando pela mais-valia e da mais feroz exploração capitalista em cortonor ultraliberais, com permante concentração de terras e renda, e crescente miséria e desigualdades, condicionante de uma sociedade individualista e que visa sobremaneira o lucro, distante da democracia e paz entre os povos, movida pela emancipação da industria bélica, lucro por meio de morte em larga escala, poluição, elevação da desigualdade social, insuficência alimentar e nutricional, desemprego em massa, entre outros prejuizos causados pelo sistema capitalista neofascitaliberal, perpetuado há tempos pela história da humanidade, expandida pelo ódio e pelo genocídio.

De acordo com Freud, vivenciamos tempos de paz e assim achamos o mundo encantador, e nos tempos de guerras, nos encontramos perplexos e reflexivos, onde enfrentamos e passamos por muitas situações difíceis. Onde destaca-se que mesmo em tempos de paz, há povos brigando e entrando em conflitos, transformando-o tempo de paz, em tempos de guerras. Sendo muitas das vezes, por futinilidades, que poderiam ser resolvidas e melhor compreendedidas. "Talvez um pouco mais de veracidade e sinceridade de todos os lados, nas relações dos homens entre si, entre governado e governantes." (FREUD, p. 47).

Um fato, que merece atenção é que independente se estamos vivenciando tempos de paz, ou tempos de guerras, o que nos resta no fim é a certeza sobre a morte, segundo Freud. Entretanto, de acordo com a Psicanálise de Freud, procuramos deixar a morte de lado, falamos sobre ela ser o fim lógico de toda a vida, e que isso é parte de toda a natureza humana, mas não nos convencemos disso. "Não aceitamos a evidência com que ela se nos apresenta. Desejamos mesmo eliminá-la da vida." (FREUD, p. 51). Psicanalíticamente falando, cada um de nós está convencido da sua própria imortalidade, segundo Freud. Onde, desta forma, evitamos ao máximo não pensar na própria morte, ou na morte de entes queridos. E quando isto acontece, quando perdemos alguém que era tão próximo de nós, nos sentimos profundamente abalados, e comovidos. Mostrando para nós mesmos, aquilo que mais queremos ocultar.

> Ao morto dedicamos um carinho especial, que chega, ás vezes, á admiração como se a pessoa desaparecida tivesse realizado qualquer coisa de muito difícil. Ao morto desculpamos tudo: de mortuis nil nisi bene. Achamos muito justo que, na oração fúnebre o uma própria campa, só se digam boas coisas do falecido. A consideração para com o morto, da qual ele não precisa mais, é impressionante e quase sempre muito maior que a dispensada enquanto a pessoa em apreço vivia. Esse estado emocional é, entretanto, bem mais intenso quando morre alguém mais ligado ás nossas afeições (pai, mãe, irmãos, filhos, amigos, esposa, etc. Parece então, que enterramos com esse alguém as nossas esperanças. Recusamos todas as fontes de prazer e jamais julgamos substituir por outro ente aquele que perdemos. (FREUD, p. 54).

Segundo Nietzsche (2011), *in artibus* e *profanum vulgus*, exprime um posicionamento critico com relação a determinados conceitos vinculados aos opressores de certo segmento, avaliando as obscuridades e observações em contextos de profunda distância entre os povos, fortalecida em guerras e disparidades globais.

A arte deve ser considera metafisica ao homem, apresentada de forma singular. Justificando a existencia do mundo, em fabricar mundos, considerando a plenitudade dos fatos e das ocasiões, em vista do sofrimento dos contrastes perfazendo-se em sociedade.

Conflito e sofrimento devem ser repensados de maneira assertiva e equilibrada, pois, numa forma de sociedade e modo de produção exploratorio e lucrativo, efetivado pelo capitalismo ultraliberal, engengrado pelo livre mercado e especulação, sobretudo diante da morte de milhares em escala internacional, um novo projeto de sociedade deve se potencializar. A aparência, de acordo com Nietzcshe (2011), pode ser condierado arbitrario algo ocioso e essencial leia o que está posto, portanto um espirito, em vista de cada acontecimento, que se protege dos vicios morais da existencia egoista, individualista e nociva a população global.

Se denuncia o pessimismo impregnado pelo sistema politico e economico permanente há séculos, que almeja a perversidade em sentimento, classificando a moral de acordo com os fenomenos, bem como as evidentes aparencias, transicionadas entre a linguagem e sua formula.

Todavia, prevalece uma antimoral, com profundas raizes vinculadas a mentira e de menosprezo a arte, bem como a vida, de maneira ofensiva e vingativa, inculcada na mente de seres degenerados, do ponto de vista humano e racional.

Nesta seara, se privilegia o ódio ao mundo, de acordo com Nietzsche (2011), levando em conta os valores morais justapostos ao modo de produção e reprodução social, reforçando o caráter voluntarista e reacionário, de defesa intransigente do patrimônio individual e da propriedade privada dos meios de produção.

Fundamenta-se pelo aniquilamento de povos e biodiversidade, empobrecendo a vida e os valores genuinamente humanos e racionais, fortalecido pela necessária coletividade e gestão democrática, observando a nocividade e prejuízo da noção burguesa, permeada pela imoralidade e ganância por lucro e dinheiro, causando destruição, pandemias e mortes de indivíduos mundo afora, cometida por crápulas que negam a necessidade por uma sociedade melhor, justa e democrática.

Portanto, o fim se instaura pelo denegrimento, ruína e falência de uma sociedade, conforme aponta Nietzcshe (2011), culminando em enormes perigos a uma imprescindível sobrevivência pacífica e otimista, em defesa da vida e dos seres humanos.

Gandin (1988), sugere uma ação, buscando clareza e resultados esperados, favorecendo o compromisso e a capacitação, enquanto educadores, intelectuais, cientistas e demais interessados em construir uma sociedade justa e equitativa, fortalecendo reuniões com indivíduos que desejam uma nova forma de sociedade e modo de produção e reprodução das relações sociais. Trabalhando pelo viés de fortalecimento e desenvolvimento dos pobres, oprimidos pelo capital ultraliberal neofascista, condicionado pela burguesia que visa manter seus privilégios de classe as custas do suor do pobre e trabalhador, gerando imensas desigualdades sociais e disparidades entre pretos, pobres, e brancos aristocratas, imersos numa vida embrutecida e amargurada, desprezível e injusta.

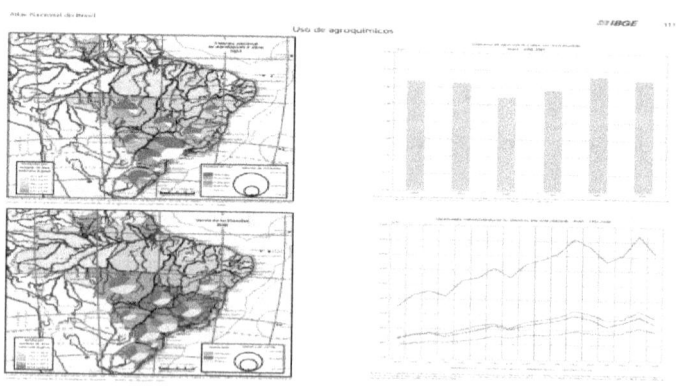

IBGE, 2010.

Na imagem apresentada, segundo o IBGE (2010), configura-se o uso desenfreado de produtos destrutivos a humanidade e natureza, prejudicando a saúde e progresso de nações e povos, principalmante as pessoas em situação de vulnerabilidade social, explorados e oprimidos pelo capital.

Portanto, conhecimento, pesquisa, trabalho social e educação são extremamente relevantes, onde a ação nasce do compromisso, segundo Gandin (1988), envolvendo capacidades e forças dos seres humanos em união, numa luta contra o poder desigual da burguesia, dos grandes possuidores de terras e grandes empresas, bancos, entre outras corporações, portando instrumentos válidos, comprovados cientificamente, do mal causado a toda sociedade pelo modo de produção capitalista.

O agir, significa ruptura com o sistema capitalista, com o neoliberalismo, potencializando democracia e paz social entre todos os povos, fortificando o compromisso por justiça e cidadania, conhecendo e capacitando-se frequentemente.

Alia-se teoria e prática, agindo em suas concretudes e singularidades, avaliando questões globais onde se constrói ações coletivas e participativas, todavia, segundo Gandin (1988), existe o trabalho educacional, relativos a considerações globais, questionando as alternativas presentes numa educação de acordo com o sistema social injusto.

3.RACISMO, DESIGUALDADES E FORMAS DE SUPERAÇÃO

Contudo, no Brasil, prevalece o mito da democracia racial, culminando no racismo institucional, prejudicando a população negra, onde o sistema penal encarcera negros de forma estrondosa, em reforço ao racismo, em torno de uma vigilância ostensiva, de acordo com Flauzina (2006).

Portanto, ocorre um amplo processo de encarceramento desproporcional, bem como no índice de mortes desta camada enorme da população brasileira, no âmbito da lógica dos sistemas penais, produzindo o genocídio da população negra.

Fenômeno que conquista pouco espaço no âmbito da criminologia, onde a categoria raça permite produndas assimetrias, perpetuado pelo sistema, desfavorecendo perspectivas estruturantes de atuação, de acordo com Flauzina (2006), abrangendo o movimento do sistema penal brasileiro.

Neste sentido, impede-se uma construção em torno da complexidade que envolve este tema, condicionando o controle social, verificando-se um projeto de Estado inspirado pelo racismo, trabalhando no tocante a eliminação do negro brasileiro.

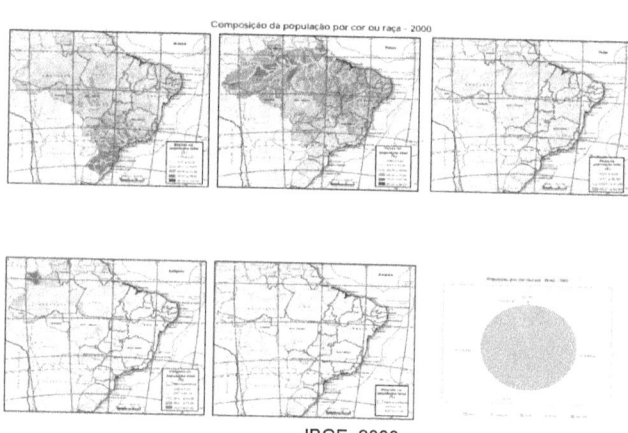

IBGE, 2000.

Na imagem apresentada, de acordo com o IBGE (2000), a população branca, geralmente pertencente a classe média, concentra-se na região sul do Brasil, enquanto a população parda, habita a região norte, nordeste e periferias dos municípios brasileiros.

Trata-se de um empreendimento genocída, caracterizado por um sistema penal brasileiro colonial-mercantilista, imperial-escravista, republicano-positivista e neoliberal burguês, em um longo processo histórico, predominando a seletividade.

Forma-se um mecanismo de destruição de negros, devendo-se atentar-se a criminologia crítica, avaliando a questão do racismo, compreendendo o genocídio da população negra e as competências do sistema penal, desmascarando o Estado penal burguês que extermina os negros brasileiros, conforme aponta Flauzina (2006).

> Ao contrário do que sempre pregaram os economistas e filósofos liberais, o capitalismo não se caracteriza como um conjunto de práticas e hábitos resultantes de uma determinada "natureza humana", de uma "inclinação natural" dos homens a comerciar, permutar e trocar. Segundo o modelo liberal e mercantil de explicação do surgimento do capitalismo, este teria nascido e se criado na cidade: qualquer cidade, com suas práticas de intercâmbio e comércio, era, por natureza, capitalista em potencial. Nas sociedades anteriores ao pleno desenvolvimento do capitalismo, obstáculos externos à lógica de funcionamento da economia teriam impedido que qualquer civilização urbana desse origem ao capitalismo. A religião errada, o tipo errado de Estado, grilhões ideológicos, políticos ou culturais teriam servido como obstáculos à afirmação plena da "natureza humana" ao comércio e à troca. (XIV CONGRESSO DO PARTIDO COMUNISTA BRASILEIRO (PCB), p. 1, s\d).

Ou seja, a teoria marxista rompe com a tese liberal de gênese do capitalismo, avaliando as leis de movimento deste sistema, em sua fúria por competição e acumulação, aumentando a produtividade do trabalho, onde não é possível identificar ao longo da história humana anterior, tal tipo de sistema degradante.

Havendo uma diferença entre as sociedades pré-capitalistas e capitalistas, envolvendo questões de propriedade entre produtores e apropriados, abrangendo a agricultura e a indústria, assim sendo, na sociedade anterior ao capitalismo, prevalecia a produçao dos camponeses no campo, onde o excedente era expropriado de forma coercitiva pelos grandes proprietários e pelos Estados, utilizando-se de seu aparato militar, jurídico e político.

Nesse sentido, apenas no sistema capitalista, existe em seu modo de produçao, a apropriaçao e desapropriaçao dos produtores diretos dos alimentos a sociedade, onde o excedente é aproprodiado pelo viés econômico, predominando indivíduos desprovidos de propriedade, onde os trabalhadores são forçados a vender sua força de trabalho para sobreviver, e quando não encontram, devido ao desemprego estrutural deste sistema espúrio, acabam recorrendo a criminalidade para saciar sua fome e de sua familia, caracterizando uma barbárie e imensas injustiças, sendo inerente ao funcionamento do capital, predominando a sanha capitalista em apropriar-se do trabalho excedente dos trabalhadores de forma totalmente injusta, desonesta e imoral.

O trabalhador livre é explorado pelo capital, vendendo sua força de trabalho, provendo ao capitalista, segundo Marx (2010), uma quantidade exorbitante de trabalho extraordinário durante todo o seu processo de trabalho durante a semana. Assim sendo, o trabalhador trabalha três dias pra si mesmo e três dias de graça para o burguês, ficando clara a diferença entre trabalho necessário e trabalho extraordinário.

Portanto, a exploração do trabalho livre é menos visível, condicionada a uma forma hipócrita de exploração, provando como o capitalismo torna-se prejudicial a sociedade de forma geral. "Três dias de trabalho extraordinário por semana são sempre três dias de trabalho que nada produzem ao próprio trabalhador, qualquer que seja o termo que a eles é atribuído, servidão corporal ou proveito". (MARX, 2010, p. 85).

Contudo, o que realmente interessa ao capital, se traduz em esforços que arrancam a força de trabalho de uma jornada, sem se preocupar com os trabalhadores explorados, ocasionando a debilitação e morte prematuras de vários trabalhadores mundo afora, de acordo com Marx (2010), privando o trabalhador, devido ao prolongamento de sua jornada de trabalho, bem como das condições de trabalho precarizadas, prejudicando formas de busca pelo lazer e outras atividades em que o trabalhador possa ser feliz, melhorando seu estado físico, moral e mental.

Ou seja, os trabalhadores tornam-se escravos assalariados do capital, onde a regra geral, com o excesso de população e de mão de obra, onde o momento do capital, verifica-se uma massa abundante formada por gerações humanas pouco desenvolvidas, prevalecendo doenças que extinguem a população humana em vários territórios pelo mundo.

Todavia, devemos ser inteligentes ao observar tal ótica exploratória do capital, em seu processo de produção e reprodução, atacando a força do povo, aniquilando a população industrial, absorvendo os elementos do campo, onde os trabalhadores do campo decaem diante das atrocidades cometidas pelo capital.

> Porém o capital preocupa-se tanto com a extenuação da raça como com a deslocação da terra. Em todo o período de especulação, todos sabem que um dia ocorrerá a explosão, porém, cada um de *per si*,

espera não ser atingido por ela, depois de haver obtido, sem duvida, o benefício ansiado. Depois de mim, o dilúvio! Tal é o lema de todo capitalista. (MARX, 2010, p. 85).

Desta maneira, subverter a ordem burguesa é essencial, tendo em vista o funcionamento desordenado do capital, gerando miséria, desigualdades e inúmeras injustiças em todo o planeta, devido ao seu modo de produção, onde devemos alterar nossa cultura aburguesada decadente, em prol da transformação social estrutural.

Atualmente existe o chamado cyberpunk, punk cibernético, ou seja, rebeldes da era cyber, de acordo com Mejía (1996), envolvidos com amplo interesse pela informação, numa visão que contempla o acesso a informaçao por uns e não por outros, aprovando o uso alternativo da tecnologia. Reunindo algo em torno de dois milhões de pessoas, principalmente em países do norte, trabalhando no âmbito do ciberespaço dos computadores. Desta forma, apresentam-se diferentes realidades e formas de intervenção, onde podem modificar-se a relações sociais existentes, conforme indica Mejía (1996).

Trata-se de um movimento que protesta e constesta as novas formas de poder do capital e de sua reorganização de produtos, refletindo no desenvolvimento da mais alta ciência e tecnologia. Portanto, fica evidente que o movimento de protesto ressignifica-se de acordo com as condições materiais, demonstrando uma nova forma de estar no mundo.

Nesse sentido, deve-se avaliar os impactos da economia globalizada, principalmente nos paises de capitalismo dependente, num contexto de implacavel neoliberalismo, segundo Mejía (1996). Desta meneira, compreende-se os fenomemos das constantes mudanças globais que ocorrem em sociedade.

Destarte, configuram-se as praticas sociais, os desejos e a subjetividade, reforçando o processo de contestação, abrangendo uma compreensao racional sobre a sociedade atual atomizada e desorganizada, culminando numa transformação em amplos cenários.

Contudo, as mudanças foram em larga escala, configurando variadas formas de organizaçao, teorias, formas de pensar e agir, bem como da vida e existencia dos seres humanos no planeta. Entretanto, o processo de transformaçao social depende de movimentos sociais organizados e da educaçao popular, devendo-se reinventar-se frequentemente, sob o prisma de uma nova forma de ser em coletivadade, de acordo com Mejía (1996).

Atualmente vigora novos processos de reorganizaçao capitalista, por meio dos rapidos padroes tecnologicos em sociedade, configurando novas formas de dominio, enfraquecendo as tradicionais maneiras de contestação, estabelecendo uma noçao entre capitalismo e miseria.

Desta forma, evidencia-se uma forma de ser do capitalismo, que se reorganiza superando estagios anteriores e se articula dominando a totalidade. Nesse sentido, criam-se novas formas de organizaçao do trabalho e de relaçoes sociais, de acordo com Mejía (1996), podendo deflagrar suas crises ciclicas mediante a ampla camada de empresas falidas.

Portanto, potencializa-se novos fatores que definem uma dinamica do poder dominante em nossa época, compreendendo formataçoes em larga escala no terreno social, gerando uma forma de controle social do capital, numa logica de dominaçao geral, sendo provavel pelos grandes avanços cientificos e tecnologicos, impondo uma revonada racionalidade em torno da realidade social, provocando certa deslegitimaçao da abordagem e posicionamento critico.

> Este novo processo capitalista começa a construir, em nivel nacional, uma melhoria na capacidade de apropriação e desenvolvimento de estrategias tecnologicas, tornando-se coerente com um desenvolvimento internacional. Da mesma forma, mas agora em ambito internacional, diferenciam-se as possibilidades de acesso a tecnologia das naçoes, sendo os paises do norte e os de ponta do sul aqueles com maior capacidade de jogo e presença nesses mesmos processos tecnologicos. (MEJÍA, 1996, p. 10).

Portanto, novas formas de dominaçao são ampliadas, gerando formas viaveis e afinidades entre as naçoes, erigindo um capitalismo capaz de continuar se perpetuando e acumulando e que concomitantemente recusa qualquer responsabilidade social, gerando miseria de norte a sul.

Desta maneira, o sistema capitalista rechaça qualquer forma de Estado de bem estar social e de um Estado democratico de direito, convertendo seu lema no salve-se quem puder, segundo Mejía (1996), enquanto sobrevivencia no mercado moderno.

Tratando-se de configurar uma homogeinizaçao social, a partir do conceito de que somos todos iguais, criado e reforçando a ideologia de que a única sociedade possivel é a sociedade capitalista ultraliberal, ao mesmo tempo potencializando a ideia de pensamento critico e de possivel abolidaçao deste sistema espurio e degradante, enfraquecendo e até criminaliando movimentos sociais autenticos por luta por uma nova forma de sociedade livre da exploraçao do capital. "Assim, fica configurada uma objetividade centrada na realizaçao do individuo na livre concorrencia\competencia do mercado". (MEJÍA, p. 11).

Deflagra-se processos que refletem na microeletrônica que produz uma nova reorganização em nível cultural, social e político muito relevante, modificando consideravelmente o capitalismo dos anos de 1960. Ensejando quatro formas profundas de alterações tecnológicas, representada na transistorização, informatização, telemática e biotécnologia, levando ao colapso muitas formas de organização social anteriores, configurado pelo crescimento do mercado mundial em torno dos processos transnacionais, formado pelo imperialismo e vigor dos monopólios em nível global.

Contudo, existem dificuldades impostas a determinados paises, impedindo o desenvolvimento global do mercado, de acordo com Mejía (1996), embora, as fronteiras posses praticamente extintas, formada pelo mercado mundial, onde se contrastam dificuldades de regulação do mercado.

Desta forma, tornam-se infimas as formas de regulaçao e relaçoes entre capital e trabalho, abragendo praticas consideradas onerosas as empresas e a rolaçao salarial, implicando em abolição de politicas do Estado de bem estar social, dificultando a competividade internacional e conferendo poder ao receituario neoliberal em nivel global.

Contudo, o processo de automatizaçao preve desenvolvimento ao terceiro mundo atraves da industrializaçao crescente, de acordo com Mejía (1996), onde o barateamento do transporte prejudica a presença ampla espacial da industria em paises do primeiro mundo, modificando a produçao dos paises centrais.

Assim sendo, muitas industrias mudam-se para os paises do sul, visando vantagens em torno de salarios, materias-primas, assistencia social, custos trabalhistas, entre outras caracteristicas engrendradas neste processo, reorganizando a divisao internacional do trabalho e formando dinamismos locais em funçao da globalizaçao, gerando condiçoes para que industrias se instalem e mudem a seu bel prazer.

> Começa a se operar, na sociedade, uma particularização dos gostos, que começa a distinguir o consumo da elite e o consumo proprio das novas classes surgidas a partir do setor de serviços. Estas ultimas consomem fundamentalmente pesando na imagem e na sua manifestaçao social, transformando-se em consumistas compulsivos, para quem a aparencia se converte na razao principal do consumo: aparencia fisica, aparencia de ter, aparencia de ser, tudo isto refletido na maquilagem, nos jogos da moda, no carro, nos lugares de encontro. (MEJÍA, 1996, p. 12).

Destarte, a produção em massa altera-se, em busca pela aparência da representatividade social, convertendo-se num jogo produtivo que constroi uma nova forma de subjetividade no periodo contemporaneo. Trata-se de um consumo sofisticado, distante do consumo anterior em massa, pressupondo uma populaçao educada que se distingue em ambito social devido seu carater exclusivista, permitindo novos estilos de vida e novas formas de exclusão.

Amplia-se no setor de serviços da economia o surgimento da informaçao enquanto produto de mercado, conforme expoe Mejía (1996), desta maneira, amplia-se a capacidade ilimitada de reprodução do capital, tornando ainda mais evidente a desmaterializaçao da produção. confronta-se o processo de rematerializaçao social e politica, como resultado das transformaçoes no mundo do trabalho.

Nesse interim, as classes trabalhadores sofrem imensa diferenciação, surgindo setores produtivos com certos privilegios de acordo com a logica de acumulo de capital, produzindo a estratificaçao das classes que vivem do trabalho, bem como seu rigido fracionamento, envolvendo as condiçoes materiais, habitos de vida e configuraçoes culturais de consumo.

Nesse sentido, as frequentes alterações tecnológicas condicionam mudanças em âmbito educacional, tendo em vista que o trabalhador atual necessita de novas habilidades, capacidade mental para manipular dados e modelos predifinidos, pensamento com raciocínio abstrato, compreensão de processos globais, bem como de resiliência para aprender e de adaptar-se as mudanças no mundo atual, segundo Mejía (1996).

Engendra-se novas orientações, flexibilidade, descentralização e controle de influência local em torno de práticas pedagógicas de ensino, abrangendo as Escolas, refletindo em novos paradigmas do desenvolvimento técnico-científico.

Amplia-se a classe gerada pelo setor de serviços, fortalecendo o aspecto social e politico das classes medias, propicinado a atomizaçao do mundo do trabalho, formando uma unidade produtiva que garante disparidades de interesses, criterios e reivindicaçoes significativas. "Todos esse elementos anunciam um novo capitalismo, que se reorienta e reordena em relaçao as decadas anteriores". (MEJÍA, p. 14).

Desta forma, o caracter fundamental do capitalismo atual é de subjugar e submeter os intereses dos paises perifericos aos paises centrais em escala global, utilizando-se como pretexto a inexistencia de formas alternativas e democraticas de sociedade.

Portanto, extinguem-se o processo de autonomia dos processos sociais e politicos mundo afora, principalmente em paises subdesenvolvidos, que sofrem com os rebatimentos do capitalismo mundial e não conseguem alterar tal ordem, de acordo com Mejía (1996), abarcando tambem os processos economicos, que produzem constante rematerializaçao em ampla sociedade, em torno da ideia de modernidade global, em seu carater de racionalidade, da vida social e pessoal, desintegrando em pequenos processos em sua logica por si mesmos, onde o local e o especifico se constroem de formas distintas. Portanto, mesmo com a permacencia das classes sociais, existe o empobrecimento das politicas de classe, onde que pensa de forma critica sofre com intensas represalias, havendo certo colapso ideologico, num contexto extremamente ofensivo e perverso. Configura-se uma nova forma de racionalidade, excluindo praticas politicas do cotidiano, produzindo novas formas de formaçao da vida social atraves de uma abordagem juridica, segundo Mejía (1996), marginalizando cidadaos, regulando todos os atos da vida civil.

Entretanto, aparece uma ideia de participaçao e colaboraçao, expressada como a única forma de sociedade possivel, gerando aceitaçao e flexibilizaçao do mercado e da permanencia dos excluidos, ou seja, aqueles vistos como fracassados e perdedores, onde aceitar formas precarias de sobrevivencia faz parte deste podre processo, e o status e forma de vida mesquinha e futil são potencializadas, e quem não vive nesse padroes são marginais e excluidos do processo de produçao do capital neosfacistaliberal.

Desta forma, o Estado burgues assume formas mais autoritarias e repressivas, numa intensa burocratizaçao institucional, tentando restringir seu aspecto proeminente a sociedade civil em suas funçoes e competencias, garantindo seu papel regulador da orgem capitalista.

Nesta seara, a vida priva se atualiza, de acordo com Mejía (1996), onde, "Tudo o que se torna possivel na sociedade é transportado para o horizonte do individuo. Tudo esta na esfera do pessoas." Predominando grande flexibilidade, refletindo uma micromoral ao individuo, que se torna cada vez mais individualista e competitivo, e ao mesmo tempo menos colaborativo, impedindo o estabelecimento de responsabilidade coletivas sobre o que ocorre em escala global.

Ou seja, ninguem se preocupar com ninguem, havendo uma pretensa visao erronea sobre o sinal cientifico e pelo vies do conhecimento, predominando o aspecto obscurantista e negacionista, em vigencia em pleno seculo XXI, deflarando crises de carater e bom senso em sociedade.

O que predomina em tempos atuais é um imenso vazio etico, abragendo a pos-modernidade, que determina o fim de qualquer etica, apresentando nitida crise de conceitos realmente humanos, restando apenas uma moral de situaçao, culminando numa perspectiva neoconservadora, provocado pelo termino de valores fundamentais que costumavam gerir a sociedade, sendo imprescindivel restaurar os valores fundamentais no sentido de reorientar a ordem social, variando de acordo com a historicidade de valores, como consequencia deste notavel vazio etico de acordo com as mudanças da epoca, devendo-se reconstruir a etica a partir de uma nova realidade, guiando a sociedade a converter as mudanças necessarias, segundo Mejía (1996).

Contudo, prevalece os níveis de hierarquia, de acordo com a organizaçao social contando com o desenvolvimento tecnologico, banalizando algumas escalas hierarquicas, propiciando novos niveis, no qual profissoes que avaliam e compreendem estudos na area social tendem a perder posiçoes, salario e prestigio, para outras areas mais tecnicas. Portanto, as classes medias ficarão nas posiçoes mais técnicas, onde haverá a reorganizaçao profissional da sociedade.

Constata-se alterações profundas em sociedade, de acordo com Mejía (1996), correpondendo a uma encruzilhada histórica, variando grandemente suas denominações, dentro do que se avalia de mudança, bem como de suas principais forças motrizes, considerando sua fase evolutiva no âmbito da sociedade industrial, estando em caráter de frequente transição, como o que ocorreu com a europa que passou de sua sociedade agrária a sociedade industrial.

Chama-se de era pos-moderna, para alguns teóricos, outros de sociedade pós-burguesa, sociedade pós-econômica, sociedade pós-escassez, sociedade pós-civilizada, ou sociedade pós-industrial, em suas várias denominações, onde alguns falam de sociedade do conhecimento, sociedade dos serviços pessoais, sociedade classista de serviços e até de era tecnotrônica.

Considerando tais correspondências e denominações, reflete-se caracteres do passado, pois, alguns fatores somem e outros surgem, como a escassez, ordem burguesa e perfil econômico, consagrando princípios fundamentais dessa nova forma de sociedade, abrangendo a questão do conhecimento, serviços pessoais, tecnológica, eletrônica e as telecomunicações, de acordo com Mejía (1996).

> Os elementos anteriores não so recompoem o capitalismo como mostram o esgotamento do projeto de modernidade, que fragmenta tanto o tipo de justiça quanto as noçoes de solidariedade, igualdade e progresso, bases da existencia desse mesmo projeto. Isto é, as bases da modernidade foram atomizadas, e as ideis de liberdade, autonomia e subjetividade, segundo a tradição, rompem-se para dar lugar a outros tipos de racionalidade. (MEJÍA, 1996, p. 18).

Nesse sentido, potencializa-se a cultura tecnocratica de especialistas, distanciando-se do saber instrumental, produzindo de certa forma uma nova integralidade, abarcando ciencia-tecnologia, tecnica e uso. Contudo, há o domínio da idéia de modernidade global, compreendendo racionalidade, vida social e vida pessoal, desfazendo-se em pequenos espaços onde se começa a produzir um novo sentido.

Sobrepõe-se atividades a serviço da racionalidade global, resultando em minirracionalidades da vida cotidiana, conforme indica Mejía (1996), gerando imediatismo ao corpo social, fenomeno no qual as ciencia sociais estuda, onde se reinventam para poder analisar e explicar as novas formas de sociedade e realidade, o que em determinadas ocasioes lhe falta subsidios e um arsenal que permita tais compreensoes e uma essencial intervençao.

Desta maneira, evidencia-se um sistema rigido e ao mesmo tempo com uma variedade de crenças onde é possivel certa pluralidade de forma e estilos de vida, onde cada um pode viver como quiser e sem responsabilidades em pro da coletividade. Assim sendo, há uma simples ideia de unidade de cidadania e de direitos e deveres, representanda em carater societal, concomitantemente fragmentada em varias e inumeras indivualidades.

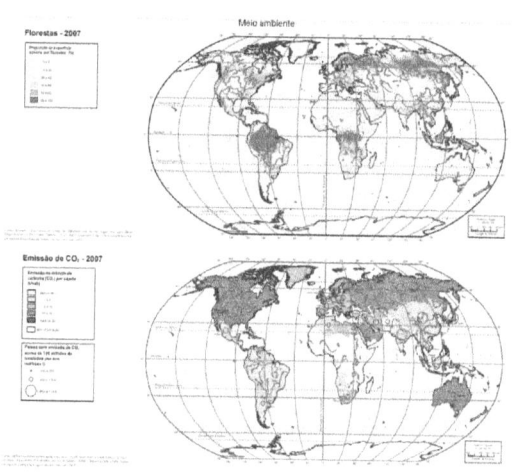

IBGE, 2007. Acesso em 18.04.2021.

A imagem do IBGE, apresenta uma necessidade gritante por reflorestamento, permitindo qualidade de vida e bem estar social entre os povos, fortalecendo projetos voltados a reconstrução das sociedades e alteração do modo de produção capitalista.

Nesse sentido, o sistema capitalista fragmentou o pensamento e suprimiu a variedade humana, produzindo unidimensionalidade, visto os pressupostos que subordinam tais avaliaçoes, não devendo ser compreendido pelo paradigma da modernidade e nem de formas ideologicas, sobretudo diante das fragilidades persistentes.

Sendo visivel no tocante a pos-modernidade e configuraçao de sentidos, onde o conhecimento é apresentando entre o que devemos saber para o que podemos saber, segundo Mejía (1996), deflagrando num Estado que deve inexoravelmente reorganizar-se de acordo com as transformaçoes propostas, abragendo grupos de seres humanos com relaçao ao mercado, bem como em seu referencial de auto-regulação. Portanto, mercado, capital e Estado, imbricam-se e articulam-se, compreendido e diagnosticada pelo neoliberalismo intenso, criando seus proprios subsidios. Contudo, a abordagem critica não conseguiu compreender o que modificava o capitalismo, não formando alternativas viaveis. "Assim, o desenho do pensamento critico começou paulatinamente a se esfumaçar". (MEJÍA,p. 20).

Entretanto, não aponta alguma realidade que até entao estava em seu material interpretativo acerca de determinados fatos, envolvendo a radicalidade da crise economica, o carater sociocultural das modificaçoes tecnologicas, a chamada crise de identidade em perspectivas ideologicas, eticas e culturais das conhecidas democracias do ocidente, bem com a crise do socialismo, a reestruturaçao cultural da sociedade, o surgimento de novas categorias de socializaçao, em vista dos problemas das antivas e velhas instituiçoes, abrangendo a crise dos paradigmas do saber.

Segundo Foucault (1997), na formação das cidades constam variadas formas de vida, sobretudo diante das relações conjugais, bem como de seus costumes e leis necessárias a sociedade, abragendo questões de sobrevivência e prosperidade.

Preza-se pela organizaçao e possível manutenção e enriquecimento, condicionado pelo casamento, entre suas subordinações e utilidades, envolvendo formas cívicas e familiares, ofertando ao Estado e as familias suas diversas formas de descendência proveitosa.

Nesse sentido, exige-se um determinado tipo de conduta a ser adotada, de cidadão honrado e chefe de família, de acordo com com Foucault (1997), exercendo poder politico e moral em sociedade, onde os seres humanos devem ser sábios, moderados e justos.

Compreende uma ética comportamental matrimonial, em torno das configurações familiares e as formas de casamento, bem como os valores morais e culturais que se engendram nessa temática, tratado numa forma de escolhas de vida em suas nuances, causando certa inquietação e problematizações, avaliando sobretudo, quesitos quantitativos.

De acordo com Winnicott (1987), os efeitos de uma guerra podem varias aos indivíduos segundo sua faixa etária, onde crianças muito pequenas são afetadas indiretamente, evitando-se os cheiros e visões familiares, da perda de contato, sentindo o apavoramente de sua genitora.

Dessa forma, as crianças passam a adotar comportamentos e falas relativos a guerra, usando o vocabulario dos adultos que as rodeiam, onde a mente dos sujeitos envolvidos fica repleta de barulho de canhões, aviões, bombas, entre outros aspectos nocivos que uma guerra pode provocar.

Portanto, prevalece sentimentos de violência, conforme indica Winnicott (1987), ficando no aguardo pela propria vida, aproveitando a oportunidade para direcionar os ensinamentos do educador, tendo em vista a idade entre 5 e 11 anos de uma criança, que anseia em aprender.

Assim sendo, guerrar e situações de violencia podem influenciar negativamente uma criança, sendo muito desgostosa aos infantes em processo importante de desenvolvimento, perturbando a vida de adultos e seres humanos que pensam uma nova forma de sociedade, considerando o período de latência de desenvolvimento, na tenttiva de eliminar a violencia propagada por situações calamitosas e insanas por sujeitos irracionais.

> Afinal, o regime autoritário não brotou do nada; num certo sentido, é um modo de vida bem reconhecido que se encontra no grupo etário errado. Quando afirma ser maduro tem que suportar o teste da realidade, e isso revela claramente o fato de que a idealização da idéia autoritária é, em si mesma, uma indicação de algo não-ideal, algo a ser temido como um poder controlador, e diretivo. O observador consegue enxergar o funcionamento dessa má direção, mas o jovem adepto apenas sabe, presumivelmente, que está seguindo cegamente o caminho por onde seu líder idealizado o conduz. (WINNICOTT,1987, p. 29).

Em determinados contextos, ódio e sede por luta pode ser despertado, considerante mortes e destruição, desfrutando da guerra e da crueldade engendradas a períodos hostis, de visão de lucro e sentimento expansionista, variando de acordo com as faixas etárias e níveis de desenvolvimento.

4. SERVIÇO SOCIAL, EDUCAÇÃO E INTELIGÊNCIA ARTIFICIAL

A discussão acerca do Serviço Social na Educação remonta há décadas de estudos e pesquisas, de acordo com o conjunto CFP\CFESS (Conselho Federal de Psicologia e Conselho Federal de Serviço Social, 2020), ao basear-se na inserção de psicólogos e assistentes sociais na educação. Nesse sentido, o trabalho de equipes multprofissionais devem fortalecer a rede pública de educação básica, segundo a Lei nº 13.935 de 2019, revigorando o trabalho conjunto de ambas as categorias profissionais.

Todavia, o trabalho envolveu vinte e sete Conselhos Regionais de Serviço Social – CRESS, bem como a Associação Brasileira de Ensino e Pesquisa em Serviço Social – ABEPSS e o Sistema Conselhos de Psicologia, formado pelo CFP e mais vinte e quatro Conselhos Regionais de Psicologia – CRPs, abragendo a Associação Brasileira de Psicologia Escolar e Educacional – ABRAPE, a Associação Brasileira de Ensino e Psicologia – ABEP e a Federação Nacional de Psicólogos – FENAPSI, reunindo esforços junto ao poder legislativo, refletindo na aprovaçao da Lei nº 13.935, de 2019.

Portanto, trata-se de um empenho coletivo em propiciar a atuação de psicólogos e asssitentes sociais no tocante ao direitos humanos e na defesa da educação como direitos de todos os seres humanos, reforçando a declaração universal de direitos humanos e da constituição federal de 1988.

Assim sendo, esse trabalho abrange quase duas décadas de tramitação, entre arquivamenentos e desarquivamentos, várias emendas e desacordos, abarcando o PL 3688 de 2020, destacando várias audiências públicas junto a câmara dos deputados e o senado federal, sendo aprovando em 12 de setembro de 2019, transformando-se na Lei nº 13.935\2019.

Denota-se em intensa luta e mobilização de diversas instituições de psicologia e serviço social, corroborando a parceria histórica em variadas pautas sociais, num trabalho fecundo que derrubou o veto presidencial do necessário projeto de lei.

Destarte, a conjuntura de retrocessos, cortes e demais danos a sociedade e população brasileira, promovido pelo sistema capitalista neoliberal, foi amplamente rebatido por esse movimento, no sentido de potencializar a política pública brasileira, e a realidade da comunidade escolar, erigindo equipes multiprofissionais a serem implantas nas redes públicas de ensino, contribuindo com o atendimento integral aos estudantes em fortalecer a qualidade do ensino-aprendizagem, conforme indica o conjunto CFP\CFESS (2020).

Contudo, segundo Fava (2018), somos a geração com mais alto nível educacional de toda história global, no entanto, predomina uma imensa desigualdade social e péssima distribuição de renda, revelando enorme tensão mundial, necessidade por mudança climática benéfica ao ser humano e biodiversidade, e desgosto com o âmbito do trabalho. Nesse sentido, torna-se imprescindível a formação de indivíduos com espírito fraterno, com intuito de construir um futuro melhor a todos, portanto, a escola torna-se instituição essencial neste processo de transformação da sociedade contemporânea.

Todavia, repensar a escola é tarefa de todos, reinventando e modificando o conceito de ensino-aprendizagem, preparando crianças e jovens para um mundo diferente e extremamente desigual. Entretanto, tais mudanças devem ser profundas e radicais, devendo-se afastar-se dos medos que envolvem a discussões no ambiente educacional.

Desta forma, ter coragem para enfrentar os desafios é importantíssimo, propiciando protagonismo e autonomia no caminhar dessa necessária transformação, segundo Fava (2018), reforçando a automação e a inteligência artificial, formando seres humanos versáteis e generalistas, e com diversidade em vários temas e assuntos, com aprofundamento teórico e analítico.

Assim sendo, deve-se formar cidadãos com competências multifuncionais, entretanto, vários questionamentos estão porvir, refuncionalizando o caráter das novas tecnologias e das mídias sociais nesse processo. Nesse ínterim, os indivíduos da geração Y, tendem a serem empreendedores de suas próprias carreiras, onde vivenciam um mundo de novas tecnologias em torno da inteligência artificial, abrangendo as questões de amizades, sentimentos e interação entre os seres humanos, de acordo com Fava (2018).

Desta maneira, a previsão é de que praticamente 90% da força de trabalho será gradativamente substituída por máquinas inteligentes, entretanto, a humanidade terá mais tempo para conceber, planejar, sonhar, criar e realizar atividades que desenvolvam o raciocínio e emoções onde a essência será refortalecida, contando, sobretudo, com o apoio da inteligência artificial, formando educandos capazes de reformular formas de convivência e harmonização social.

Portanto, trata-se de uma metamorfose radical, abarcando a robotização e a IA – Inteligência Artificial, podendo surgir novas profissões e diversas competências, problematizando o que pode fazer a diferença nessa empreitada. Todavia, conceitos como ética, colaboração, versatilidade, altruísmo e mobilidade, estarão presentes e serão relevantes.

Conforme aponta Fava (2018), existe a necessidade de pessoas capazes de sonhar, e que tenham braços estendidos, transformando sonhos em futuro, bem como torna-los realidade, com determinação e coragem para enfrentar os inextrincáveis desafios, sem temer as metamorfoses e que saibam aproveitar essas transformações. Sobretudo, diante das inovações tecnológicas que podem promover o prolongamento da vida e talvez a imortalidade.

Nesse sentido, devemos buscar nosso objetivo de vida e termos conciência de nossos propósitos, abragendo uma missão de vida e razão de existência. Portanto, o transformar pela educação torna-se ferramenta notável, no tocante a constante reflexão sobre a vida e sentido de nossa existência, proporcionando a construção de um mundo melhor, justo, ético e equitativo, reconfigurando a sociedade global.

Desta forma, de acordo com Fava (2018), a escola deve se adequar as novas tecnologias, formando seres humanos versáteis e inteligentes, capazes de analisar com profundidade analítica a sociedade que convivem, potencializando o processo de ensino, reforçando o crescimento dos estudantes e da sociedade em geral, abarcando capacidade de adaptação, aprendizagem e crescimento constante, compreendendo o mundo em acelerada transformação e metamorfose.

Todavia, a educação deve aprimorar-se através das novas tecnologias desenvolvidas em pleno século XXI, por meio da capacidade cognitiva, emocional e diversificada, no âmbito do advento da era da tecnologia, com uso frequente da internet ao tornar-se usuários conscientes dessas ferramentas importantes a todos. Portanto, a educação é algo essencial ao desenvolvimento da sociedade, introduzindo a tecnologia no processo de ensino e aprendizagem, prevalecendo uma educação compromissada com o uso de máquinas altamente desenvolvidas e da IA.

Desta forma, de acordo com Fava (2018), a educação do mundo contemporâneo deve abordar uma aprendizagem ativa e experimental, afastando-se do caráter repetitivo e maçante, fomentando uma educação inovadora, evolutiva e inspiradora, formando um currículo por competências, fortalecendo a cooperação, resiliência e ética, como contornos relativos a educação 3.0.

Entretanto, os indivíduos deverão saber fazer, ser, conviver e alcançar o processo de trabalho, fomentada pela inteligência artificial, reconfigurando o ensino híbrido, onde o estudante pode ser autônomo e estudar no conforto de sua casa, onde a educação será centrada no estudante.

Assim sendo, o professor será conteudista, autor do conhecimento, bem como atuando como orientador, formatando modelos mentais e novos paradigmas, não submetendo-se a coerção academicista, distanciando-se de conceitos préfixados, promovendo liberdade de discernimento, escolha e decisão de aprender, conforme aponta Fava (2018).

Nesse sentido, torna-se essencial a transformação do ensino brasileiro, em vista da resolução dos problemas sociais existentes, em busca do progresso econômico e social, buscando avançar em tecnologia e autonomia, formando indivíduos capazes de refletir sobre a alteração no mundo do trabalho e da sociedade global.

Portanto, os educadores devem se adaptar as novas tecnologias disponíveis, atendendo aos novos perfis de educandos e anseios da sociedade, onde o trabalho repetitivo e embrutecedor será amplamente substituído pela IA a nível mundial. Desta maneira, a chamada tecnofobia deverá ser abolida gradativamente, tendo em vista a permanência das novas tecnologias e de seus avanços para o bem estar da sociedade.

Nesse sentido, o ensino tradicional tende a ser alterado, contudo, afastando-se de possíveis modismos, contando com profundas reflexões teóricas e científicas, promovendo o necessário desenvolvimento socioeconômico e cultural, segundo Fava (2018), utilizando-se da educação e da ciência em construir uma nova forma de sociedade.

Assim sendo, é possivel a convivência harmônica entre IA e sociedade, tendo em vista a necessária transformação social estrutural e o fim das desigualdades a nível mundial, proporcionando democracia e justiça entre todos os povos, com redução de gastos e desempregos em massa.

Todavia, a importância das mídias sociais, caracteriza-se pela comunicação da sociedade atual, com primordial papel da informação, formando professores e estudantes capazes de compreenderem as novas tecnologias, em torno das mídias sociais, segundo Barbosa (2011), possibilitando a socialização do conhecimento e da ciência, ao promover constante interação social, contribuindo com novas formas de aprender e ensinar, atuando em uma sociedade em rede.

Trata-se, de considerar as novas tecnologias da informação e comunicação na sociedade atual, bem como sua influência em aspectos econômicos, socioculturais e pedagógicas, em promover a socialização e difusão do conhecimento. Ressaltando a função das mídias sociais em aprofundar o conhecimento em sociedade, divulgando e esclarecendo várias formas de aquisição de informações e conteúdo científico.

Desta forma, representam os processos de reprodução, produção e transmissão da informação, visando fortalecer a cultura, por meio das mídias sociais em construir posicionamento crítico e criativo, potencializando a democracia e a cidadania, de acordo com Barbosa (2011).

> Desta forma, como não correlacionar mídias sociais, educação e, por extensão a formação docente? Afinal, o professor é o profissional que irá contribuir, através da educação, com a formação de novas gerações, com a formação do cidadão que deverá estar preparado para atuar em um contexto social globalizado que privilegia o acesso, o domínio e o uso efetivo da informação. (BARBOSA, 2011, p. 2).

Entretanto, os educadores devem estar capacitados perante a utilização das novas tecnologias, em busca da frequente socialização do conhecimento, favorecendo novas formas de ensinar e aprender, produzindo, comunicando e representando o conhecimento científico, possibilitando novos recursos e ferramentas viáveis a construção da democracia e integração social.

Nesse sentido, trata-se de formar indivíduos capazes de atuar numa sociedade em rede, proposta por novas metodologias pedagógicas no ensinar e aprender, segundo Barbosa (2011), onde o educador deve sempre atentar-se as novas tecnologias disponíveis e a disposição do conhecimento, onde a maioria dos jovens estão envoltos a massificação dos meios eletrônicos, utilizando-se de plataformas digitais e constante interação e construção de novas relações sociais, estando em sintonia com as novas tecnologias e da IA, com abordagem consistente a nova realidade estrutural.

Considera-se, o mundo novo em rede, onde cada vez mais desenvolve-se novas formas de interação digital por meio da internet, proporcionando a interação e o compartilhamento da informação, permitindo novas formas de aprender e de ensinar. Ou seja, para haver cidadania em tempos atuais, é necessario a apropriação do funcionamento de novas tecnologias, fortalecendo os novos processos educacionais em vários níveis e modalidades, potencializando a nova forma pedagógica e educacional de ensinar, de acordo com as atuais demandas socioculturais, sobretudo, utilizando-se das mídias sociais em torno da educação, fortalecendo consideravelmente o professor e os educandos de forma geral.

Portanto, é imprescindível o uso das mídias sociais em sala de aula, fomentando o conhecimento e sua constante socialização em larga escala, considerando a opinião dos estudantes e o uso dos meios de comunicação, essencial para qualquer ser humano, no sentido de estar bem informado, analisando, compreendendo e criticando a conjuntura social desigual.

Desta forma, torna-se relevante a constante capacitação e qualificação dos docentes, corroborando com as aceleradas modificações através da tecnologia da informação e comunicação, fazendo parte do cotidiano sociocultural, estando presentes no mundo de forma geral, sendo necessário fazer parte do ambiente escolar, de acordo com Barbosa (2011).

Contudo, deve-se investir macivamente no ensino educacional brasileiro, fortalecendo as novas mídias sociais e da IA, estruturando as escolas e as demais instituições de ensino, numa perspectiva de ensino e aprendizagem que permita ao educando pensar de forma crítica e racional a sociedade, em busca da construção de um mundo de todos.

Todavia, Freire (2000), conclui acerca da pedagogia da indignação, em torno dos desafios da prática docente, durante a experimentação do cotidiano, em tempos de constantes e rápidas transformações sociais, compreendendo os jovens em tempos contemporâneos, em busca de uma capacidade crítica.

Portanto, devemos estar abertos a capacidade do novo e a uma nova proposta de inteligência, onde não há cultura nem história imóveis, promovendo-se a mudança e a constatação da cultura e da história, ocorrendo-se de maneira acelerada, verificada em tempos atuais por meio das revoluções tecnológicas.

Nesse sentido, existe uma cultura da inovação, da criatividade e da curiosidade, envolvendo liberdade e luta, mesmo havendo riscos incontáveis na história da humanidade, representando ingrediente necessário a construção do mundo, conforme indica Freire (2000).

Desta forma, é importante a construção de uma educação que promova a coragem e a vontade em aprender, em busca de desafios e novas estruturas sociais, sabendo que na existência humana, persiste os riscos, variando em níveis de perigos, abrangendo objetividade e subjetividade, numa relação entre desempenho e risco.

Portanto, não devemos cair na abordagem do racionalismo agressivo, devendo-se importar-se com a apreensão crítica em torno das diversas razões dos fatos, aproximando-se do objeto a ser conhecido, em busca da construção do ser cognoscente e mais desenvolvido, de acordo com Freire (2000), abarcando a experiência existencial em intervir no mundo, em busca da constante comunicação. "A inteligência do mundo, tão aprendida quanto produzida e a comunicabilidade de inteligido são tarefas do sujeito, em cujo processo ele precisa e deve tornar-se cada vez mais crítico". (FREIRE, 2000, p. 16).

Todavia, os seres humanos não devem acomodar-se, tendo em vista a mudança necessária de acordo com nossa experiência cultural, variando de acordo com as razões, buscando sempre compreende-la, sabendo que não somente atitudes voluntaristas são redentoras da sociedade.

Constata-se a importante mudança de compreensão, comportamento, gostos e negação de valores anteriormente respeitados, tratando-se de uma relevante educação crítica e radical, onde a presença do ser humano no mundo engendra-se a determinadas ordens, consistindo em percepções lúcidas acerca da natureza política e ideológica de nossa capacidade de cosciência sobre o mundo que vivemos, segundo Freire (2000).

Desta forma, todos devem se unir em prol da necessária e imprescindível transformação social estrutural, sobretudo em utilizar-mos das novas tecnologias e mídias sociais como ferramenta de socialização da informação, buscando apresentar o conhecimento científico e as falhas e injustiças do sistema capitalista neofascistaliberal em vigência.

Nesse sentido, é papel inexorável dos intelectuais, informar e problematizar tais questões, buscando fortalecer movimentos minoritários e que sofrem exacerbadamente com o receituário capitalista neoliberal, organizando movimentos junto as massas exploradas e invisíveis ao capital.

Desta forma, o uso de mídias sociais e da inteligência artificial, torna-se algo importante em fomentar idéias críticas ao sistema contemporâneo, analisando com consistência e concretude a conjuntura atual, mobilizando setores excluídos e subalternizados, que correspondem a maioria da população mundial.

Portanto, a ideia do presente texto foi argumentar e avaliar o potencial uso das mídias sociais em difundir e expandir o conhecimento crítico, em busca pela democracia, cidadania e justiça social, no intento de realmente transformar a sociedade capitalista ultraliberal.

Desta maneira, evidencia-se a essencial mobilização das massas, dos desempregados, trabalhadores e esquecidos pelo sistema degradante em vigência, na busca pela socialização da riqueza socialmente produzida e de uma sociedade justa, plural, equitativa e fraterna, onde o mundo possa realmente ser de todos e a pobreza seja necessariamente abolida, ou seja, pelo fim do capitalismo a nível global.

De acordo com Maurício (1993), toda forma de mudança é vista de maneira reprimida por camadas da sociedade, principalmente as positivas, considerando o sentido do sair da zona de conforto, havendo relutância, onde é preferível ficar acomodado, sem espírito de luta, sem reação, ousando em mudar o curso da história maldita do capitalismo neoliberal nazifascista.

Dessa forma, é natural e moral ficar numa condição comodista, e que basta ter paciência diante dos absurdos cometido em vista do lucro e da destruição de vidas cotidianamente, visto como números, e como somos programados pelo modo de produção que nos vigia há séculos.

Segundo Maurício (1993), pode-se estar a um passo do caos, e o tempo pode curar tudo, entretanto, mudanças são necessárias, visando qualidade de vida e democracia plena, envolvendo desafios, trabalhos, reflexões e projetos de sociedade.

Portanto, os seres humanos devem engajar-se em busca de uma nova forma de sociedade, livre de preconceitos e desemprego em massa, bem como do constante comodismo, e do chamado sossego que é favor da morte de povos e guerras, do caos que gera destruição alma e espírito humano, onde o compromisso deve ser pelo fim da destruição da natureza e biodiversidade.

Todavia, o ser acomodado deve se insurgir contra o comodismo e de seu sossego impregnado pelo senso comum, conforme aponta Maurício (1993), onde o ser humano de engajar-se pelo compromisso social e humano, tendo um posicionamento frente as injustiças sociais e eusência de democracia.

O indivíduo deve envolver-se por algo, por uma causa justa e por seu povo, pela democracia e paz entre os povos, acreditanto no poder da mudança e da coletividade, em propor ações unificadas, por quem sofre com a pobreza e marginalização.

O pauperismo causado pelo sistema capitalista neoliberal deve ser revisto e que seja considerado nossa carta margna, nossa constituição e lei dos direitos humanos, em caráter universal, livre da tortura e do trabalho escravo assalariado.

A coscientização deve acontencer em massa, dos pobres e desempregados, que sobrevive em péssimas condições de residência e insalubres, que necessitam que sua resdências sejam restruturadas e conservadas, que recebam educação de qualidade e que tenham reais oportunidades de acessos aos serviços públicos, na visão do estado democrático de direito.

O projeto de ação deve prevalecer, ocorrendo de baixo para cima, tendo como êxito o trabalho efetivo, de acordo com Maurício (1993), de forma séria e objetiva, de maneira conjunta, onde todos os autores são importantes, para que seja construído uma nova forma de sociedade, livre das condições despríveis de existência do capital parasitário.

Em consequência, segundo Jolibert (2010), o conhecimento está intimamente relacionado a consciência, enquanto superficie do apararelho mental, tendo como base o mundo externo. Nesse sentido, funda-se formas de investigação acerca da realidade social.

Portanto, a energia deve caminhar no sentido da ação, avaliando e compreendendo a topografia mental, onde coloca-se as representações verbais. Desta forma, há uma relação entre insconsciente, preconsciente e consciente, havendo correlação entre as representações verbais em ocorrência. Consciente e incosciente, ego e id, podem receber influência do mundo externo, numa diferenciação de superfície, como aponta Jolibert (2010), predominando uma relação entre ego e o principio de prazer e de realidade.

Todavia, o insight ou compreensão interna, pode absolver o processo de repressão no ser humano, avaliando os possiveis resultados, variando de acordo com a parcela ideacional do representante. Sabendo os sintomas da repressão e seus aspectos incisivos. Contudo, o sentido da tecnologia no ambito do marxismo, introduz-se em sua pratica mediante a formação das sociedades, moldando o trabalho transformador da natureza em busca de objetivo coletivos, segundo Guimarães (2001), promovendo a praxis marxista. Desta forma, a tecnologia é um produto que possui valor de uso, envolvendo o processo de trabalho, onde as materias-primas são transformadas pela atuação humana consciente, utlizando-se dos meios de produçao que proporcionem valores de uso em sociedade.

Portanto, abrange a ciencia e o setor não-produtivo, sobretudo a familia. Nesse sentido, a teoria marxista apresenta a importancia da tecnologia em detrimento da natureza na otica do capital, tendo em vista que a natureza não fabrica maquinas, ferrovias, entre outros objetos, sendo produtos da industria humana, de acordo com os desejos dos seres humanos, de acordo com Guimarães (2001), exercendo poder sobre a natureza, abarcando a atividade humana. Assim sendo, o conhecimento objetificado são determinados pelo cerebro humano, e erigidos pela mao humana, distinguindo os seres humanos dos animais, de acordo com a imaginaçao humana. Portanto, a historia das tecnologias são ditadas pela relaçao de forças de classe, considerando o objetivo do capital em minimizar as revoltas da classe operária.

Desta forma, o desenvolvimento do capital e da tecnologia, permite a constante construção de máquinas cada vez mais modernas que proporcionem a automatização dos processos de produção, contrastando na história da manufatura, modificando processos e produtos, em torno da história das relações de classe. Portanto, trata-se da genuína transformação da natureza antropológica da sociedade pela indústria humana.

A revolução capitalista e industrial, que apresenta seus contornos segundo as transformações no campo da manufatura, produção mecanizada, taylorismo, fordismo, automação e robótica, reverberam como a história da tecnologia na questão produtiva, propiciando bens de capital cada vez mais modernos e complexos, bem como na esfera do consumo.

> As atividades humanas foram sempre mediadas pelas tecnologias, e isso acontece cada vez mais na vida doméstica e na cultura. A tecnologia também passou, naturalmente, a ser encarada como padrão de desenvolvimento no Terceiro Mundo, e como medida da força militar e das realizações internas no Primeiro e no Segundo. (GUIMARÃES, 2001, p. 371).

Tais carascterísticas representam uma tendência decrescente da taxa de lucro, abrangendo as forças básicas que originam os ritmos a longo prazo da acumulação capitalista, segundo os longos períodos de crescimento acelerado, bem como de períodos de crescimento desacelerado e intrínsecas convulsões econômicas generalizadas, conforme indica Guimarães (2001).

Compara-se a crise da década de 1930, e que ocorre de forma ciclica no ambito do capital, podendo ser notada as crises atuais, com pandemias, desempregos e precarizaçao das condiçoes de trabalho, onde necessariamente, deve-se subverter tal ordem burguesa espoliadora da força de trabalho alheia.

Desta forma, a força que impulsiona o capitalismo é o desejo por lucro, onde o capitalista é obrigado a atuar junto ao processo de trabalho, contra o trabalho e pela produção de mais-valia. Portanto, abrange o processo de circulação, contra outros capitalistas, envolvendo a mais-valia sob a forma de lucro. Assim sendo, o processo de mecanizaçao domina e aumenta a produçao da mais-valia, confrontando os custos entre os proprios capitalistas, em torno da reduçao dos cusos unitario de produçao, ou seja, os preços de custo por unidade, surgindo como aspecto principal da concorrencia, de acordo com Guimarães (2001).

Contudo, a transição para o socialismo de fundar-se em sociedade, significando no primeiro episodio de transformaçao revolucionaria do capitalismo ao socialismo. Portanto, imbricase a fase inferior do comunismo, formando uma sociedade hibrida, e posteriormente transformada em sua fase superior com o desaparacimento da fase escravizadora do ser humano a divisao do trabalho e da contraversia entre trabalho intelectual e trabalho fisico, promovendo abundancia de produçao onde os bens e serviços podem ser distribuidos de acordo com as necessidade humanas.

> A maior parte dos marxistas identifica a fase inferior como "socialismo" e a fase superior como "comunismo". No socialismo ainda há classes, divisão do trabalho por profissões, elementos de uma economia de mercado e de direito burguês, que se manifestam no princípio da distribuição dos bens de acordo com a quantidade de trabalho proporcionado por cada um à sociedade. (GUIMARÃES, 2001, p. 389).

Nesse sentido, trata-se da transição para o comunismo por meio do carater revolucionario do modo de produção, revigorando a democracia atraves da elevação do proletariado como classe dominante, tomando o poder politico, formando uma base organizada subvertendo a ordem burguesa e seu modo de produção desastroso ao trabalhador, favorecendo a supremacia da classe trabalhadora diante da produçao da sociedade.

Desta forma, configura-se o Estado do trabalhadores, formando um verdadeiro socialismo democratico, arrancando capital da burguesia, segundo Guimarães (2001), centralizando o poder do Estado aos trabalhadores organizados e elevando o potencial das forças produtivas, abolindo a propriedade da terra e o direito de herança, bem como o confisco das grandes propriedades, devendo ser controladas pelos proletarios.

Contudo, deve-se evitar burocracias estatais totalitarias, necessariamente devendo-se potencializar a esfera politica, econimomica e cultural, visando a inovaçao sobre todos os aspectos da economia, ou seja, proporcinando descentralizaçao na agricultura, produçao, comercio e serviços.

A abordagem deve submeter-se com enfase na objetividade, compreendendo a realidade das formas naturais, em busca do realismo subjacente numa dimensao ontologica, segundo Guimarães (2001), embora esteja condicionado a funçao do trabalho no processo cognitivo de carater social, numa avaliaçao transitiva.

Tendo em vista, a alteraçao pratica da natureza e a configuraçao da vida social, tendo como base a mediaçao humana intecional, em torno da práxis. "A objetificação no sentido da *produção* de um sujeito e da *reprodução* ou transformação de um processo social deve ser distinguida da objetividade *qua* externalidade". (GUIMARÃES, 2001, p. 374).

Portanto, determina-se formas historicamente específicas, concernindo a formas alienadas, do trabalho, em vários aspectos da sociedade, de modo objetivo, reforçando o caráter da objetividade e do trabalho, descartando empirismo e idealismo, bem como ceticismo e dogmatismo, hipernaturalismo e antinaturalismo.

Nesse sentido, emenda-se uma crítica contundente ao idealismo, reforçando a ciência sócio-histórica, sendo a chave para o objetivo de uma nova ciência. Ou seja, em estado prático, persiste uma crítica fundamentada e comprometida com o realismo científico implícito em obras referenciadas a exploração do capital e das várias formas de desigualdade social engrendradas ao sistema capitalista neoliberal.

Assim sendo, o materialismo histórico busca compreender e avaliar o desenvolvimento social, das forças produtivas e do processo de exploração do capital, sobretudo da importância do trabalho e das relações sociais, bem como do aspecto alienante proposto pelo capitalismo.

De acordo com Bion (2016), o uso da grade pode orientar-ser por sentimentos, abordando um material clínico vivo, em flagrante discussão, compreendendo mitos e demonstrações, num aspecto de repetição e desenvolvimento, expandindo a imaginação.

Ao isolar-se diante das adversidades, qualquer forma de ataque, portanto, num campo minado e de batalha, variando em subjetiva e modos de expressão, instituindo a virtude de uma análise pelo broto da intuição, registrando memória e trabalhado abordado, conforme aponta Bion (2016).

Observa-se o hiato entre os acontecidos e seus significados, diversificando as possíveis análises, abrangendo uma abordagem lúcida e embasada cientificamente, desenvolvendo capacidades intuitivas, registrando e compreendendo a totalidade social e suas causas prejudiciais aos sujeitos e atores sociais.

Avaliando a natureza do objeto, como um prelúdio ao foco e a demanda, exercitando os músculos mentais, sobretudo ao considerar seus aspectos e segmentos, deversificando as características mentais de cada indivíduo, portanto, suas peculiaridades e comportamentos.

Ansiedade, depressão, doenças, desprazeres, entre outras práticas novicas socialmente conduzidas pelo modo de produção capitalista, condiz a infelicidade social e a tristeza dos povos oprimidos pela burguesia, condicionando muitos seres humanos a miséria e desprezo social.

Segundo Klein (1970), o desenvolvimento de um ser humano, perpassa várias etapas, compreendida pelo estudo analítico, causando impactos na conduta e comportamentos humanos, ou seja, aquilo que o indivíduo vivencia e recebe em seus estágios de vida biológica e social, afetam suas atitudes e observações próprias.

A personalidade de cada sujeito, vários podem ser os ajustamentos individuais em sociedade, e no processo de sobreviência humana, configurando-se nos primeiros cinco anos de vida de cada ser humano, ou o caráter de sua personalidade para a ser constituído e formado.

Ou seja, sintomas neuróticos são introduzidos socialmente, de acordo com a infância de cada indivíduo, denominando o caráter individual, portanto, exercendo poderes e influências, contudo inconscientes, onde tendências anti-sociais são instauradas, promovidas e perpetuadas pelo sistema capitalista neofascista liberal em tempos atuais.

Nesse campo, de acordo com Klein (1970), as aplicações entre educação e trabalho são essenciais a compreensão dos sujeitos em escala social, afastando-se de conceitos tradicionais e anticientíficos, propulsores da ignorância e descuidado com o planeta que se vive e sua propria saude, avaliando o ser humano em sua totalidade, unificando os vários estudos, pesquisas e ciências, pelo bem estar social e progresso humano.

Todavia, como formamos nosso caráter, numa sociedade individualista e favorecedora do ódio e da injustiça, são temas estudados pela psicanálise, abordando aspectos patológicos, podendo ser trabalhado numa boa consulta conduzida por profissional competente.

Sobretudo se iniciados na infância e adolescência, observando a relação entre pais e filhos, considerando as peculiaridades de cada alcance e configuração familiar, conforme aponta Klein (1970), embora evidenciem a consturação da consciência dos sujeitos em formação contínua, estando relacionado a severedidade e crueldade do superego.

Assim sendo, apresenta-se e erige-se a delinquência, enquanto fator negativo da sociedade de classes, onde distúrbios da infância devem ser previnidos em todas as searas, abrangendo conceitos evolutivos e de construção social, justapostos culturalmente e economicamente.

A Lei nº 9394\1996 – Lei de Diretrizes e Bases da Educação Nacional, promulgada em dezembro, ordenando que a educação nasce em âmbito familiar, pela convivência humana, trabalho, ensino e pesquisa, movimentos sociais, organizações da sociedade civil e das mais plurais formas de organizações culturais.

Portanto, engendrado ao processo escolar de prática social e construção do conhecimento democrático e coletivo, vinculado ao trabalhado desalienado do capital excludente e parasitário, devendo ser definido pela família e pelo Estado democrático de direito, fundado no ser humano e na prosperidade e crença na ciência, pesquisa e ensino.

Valorizando, a qualificação ao trabalho e o valor ao ser humano, natureza e bem estar social, por meio da liberdade e do desenvolvimento solidário e humano, fortalecendo o processo de cidadania e justiça social, potencializada pelo valor aos direitos humanos e democracia, onde possam ser ampliadas as perspectivas e espaços para o aprimoramento humano e social.

Fundado na igualdade de condições e acessos, fortalecendo a liberdade de pensar, falar, interagir, refletir, desalienar-se e repensar a sociedade capitalista neofascista liberal atual, sendo seu fracasso reconhecido pela instalação da pandemia que gerou inúmeras mortes mundo afora, sobretudo no Brasil.

Prevalecendo o pluralismo de idéias e de respeito em sociedade, compreendendo as concepções pedagógicas, implicando acerca de possível abordagem crítica dialética ao sistema capitalista causador de várias desgraças aos seres humanos.

O apreço a tolerância consta na LDB enquanto princípio fundamental, ou seja, garantindo um viés democrático e plural a sociedade, sendo violada pelo modo de produção vigente, permeado pelo individualismo e genocídio, tendo em vista uma necessária visão democrática, favorecendo um padrão de qualidade de vida e paz entre os povos.

Aprendizagem ao longo da vida encontra-se instituída na presente legislação nacional sobre a educação, implicando em algo sendo frequentemente violado pelo sistema burguês liberal de ensino, envenenado pelo ideário tacanha e lucrativo.

Favorecimento aos níveis mais elevados de ensino, promovendo desenvolvimento artístico e cultural, faz-se imprescindível ser fortalecido socialmente, permitindo progresso entres os povos e possível harmonia social.

O processo de ensino-apredizagem deve ser impulsionado pela erradicação a pensamentos individuais e mesquinhos, propostos pela ideologia burguesa neoliberal, que criminaliza pobres, pretos, pardos, indígenas, quilombolas, comunidades ribeirinhas, agricultores familiares, entre outros povos oprimidos e marginalizados pelo modo de produção que há seculos vem causando demasiadas injustiças sociais e perseguições aos mais variados povos pelo mundo.

O trabalho social deve ser fundado pela transformação social, segundo Carvalho (1983), designando a práxis transformadora, permitindo estratégias que problematize as várias formas de desigualdades e de ações organizadas, compreendendo a totalidade social.

Baseia-se na ciência social marxista crítica, onde prevalecem divergências relativos a estudos sócio-políticos são imprescindíveis em potencializar uma abordagem que defenda os interesses dos oprimidos pelo sistema capitalisa ultraliberal, concentrador de renda, terras e injustas propriedades a nível global, gerando posicionamento antidemocrático e neofascista, promovendo ódio aos pobres, desempregrados, pretos, intelectuais e demais interessados por lutas por justiça e participação social.

Todavia, é necessária uma proposta de ação social, junto as marginalizados e excluídos pelo capital ultraliberal neofascista, operado pela repugnância ao trabalhador, operário, proletário e etc, deslocados em pensamento coletivo.

Contudo, o projeto de transformação das sociedades, deve ser fortalecido em todas as esferas sociais, segundo Carvalho (1983), no sentido de transformar o modo de produção capitalista, promovendo o modo de produção ecossocialista, potencializando natureza, seres humanos, ciência, tecnologia, inovação, evolução, fim das desigualdades, coletividade, entres outras necessidade humanas em pleno século XXI, devendo renovar as habitações urbanas e rurais, ampliar a reforma agrária e estudos político-econômicos, favorecendo certa radicalidade ao processo de reprodução atual, de exploração entre os homens.

Portanto, a economia da sociedade burguesa deve ser avaliada amplamente, por todos o setores sociais e culturais, principalmente os ignorados pela burguesia parasitária e *demodê*, que promove e inaugura a barbárie a indíces alarmantes, fortalecida pelo medo e insegurança, onde uma vida deprimente é objetivada.

Nesse sentido, a economia política é identificada como pressuposto de existência, onde evidencia-se relações necessárias, determinadas, e independentes, de acodo com Carvalho (1983), havendo relações de produção, enquanto desenvolvimento das forças produtivas, com predomínio da matéria, percorrendo a estrutura econômica, da sociedade de classes, numa predisposição jurídica e política, fomando uma certa superestrutura, permitindo apreensões de consciência.

Ou seja, existe uma totalidade orgânica, com predomínio da infra-estrutura, com relação a superestrutura, fundada na base econômica, onde o modo de produção da vida material, condiciona a vida social, econômica e espiritual, abrangendo uma relação dialética, relativo ao desenvolvimento econômico, numa análise da totalidade social.

Todavia, segundo o IBGE – Instituto Brasileiro de Geografia e Estatística (2019), O Brasil possui dados alarmantes quanto aspectos educacionais e pedagógicos, em busca de uma educação que realmente forme seres humanos e sujeitos capazes de pensar e repensar a sociedade capitalista.

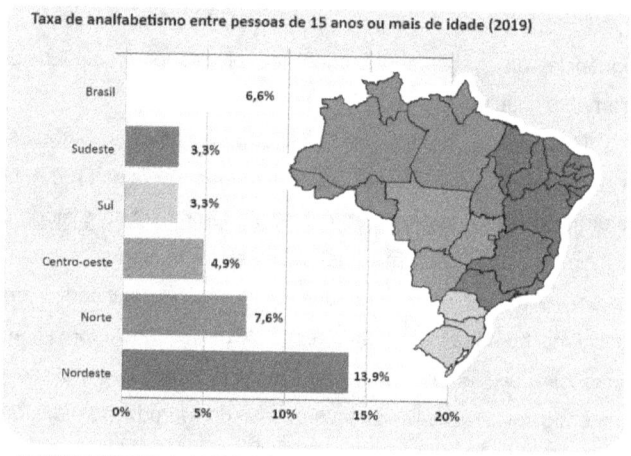

IBGE, 2019. Acesso em 18\04\2021.

Verifica-se, um recorte gritante por região, ficando evidente uma disparidade entre norte e sul brasileiro, sendo importante constante investimento em políticas publicas e sociais que permitam o desenvolvimento e o progresso do país.

Nesse sentido, todas as nações devem investir maciçamente em educação de qualidade para seu povo, buscando oferecer capacitação e autonomia aos indivíduos em sociedade, promovendo progresso e democracia entre os povos.

Um dado importante sobre educação é o percentual de pessoas alfabetizadas. No Brasil, segundo a Pesquisa Nacional por Amostra de Domicílios Contínua (PNAD Contínua) 2019, a taxa de analfabetismo das pessoas de 15 anos ou mais de idade foi estimada em 6,6% (11 milhões de analfabetos). A taxa de 2018 havia sido 6,8%. Esta redução de 0,2 pontos percentuais no número de analfabetos do país, corresponde a uma queda de pouco mais de 200 mil pessoas analfabetas em 2019. A Região Nordeste apresentou a maior taxa de analfabetismo (13,9%). Isto representa uma taxa aproximadamente, quatro vezes maior do que as taxas estimadas para as Regiões Sudeste e Sul (ambas com 3,3%). Na Região Norte essa taxa foi 7,6 % e no Centro-Oeste, 4,9%. A taxa de analfabetismo para os homens de 15 anos ou mais de idade foi 6,9% e para as mulheres, 6,3%. Para as pessoas pretas ou pardas (8,9%), a taxa de analfabetismo foi mais que o dobro da observada entre as pessoas brancas (3,6%). (IBGE, 2019).

Um país com seu povo analfabeto não pode querer angariar melhorias e promover um discurso que privilegie justiça social e cidadania, deixando seu próprio povo largado a própria sorte, relegado as mais variadas formas de desigualdades e injustiças cometidas por um Estado burguês ultraliberal nazifascista autocrático.

> No Brasil, a proporção de pessoas de 25 anos ou mais de idade que finalizaram a educação básica obrigatória, ou seja, concluíram, no mínimo, o ensino médio, passou de 47,4%, em 2018, para 48,8%, em 2019. Também em 2019, 46,6% da população de 25 anos ou mais de idade estava concentrada nos níveis de instrução até o ensino fundamental completo ou equivalente; 27,4% tinham o ensino médio completo ou equivalente; e 17,4%, o superior completo. O nível de instrução foi estimado para as pessoas de 25 anos ou mais de idade, pois pertencem a um grupo etário que já poderia ter concluído o seu processo regular de escolarização. O acesso à Educação de qualidade é direito fundamental para o desenvolvimento da cidadania e ampliação da democracia. Os investimentos públicos em educação são de extrema importância para a redução da pobreza, criminalidade e ampliação do crescimento econômico, bem-estar e acesso aos direitos fundamentais pela população. (IBGE, 2019).

Constata-se, mediante os dados elencados, um recorte de classe que prevê aos pobres, baixa escolarização, desemprego, violações de direitos, entre outros aspectos prejudiciais causados pelo modo de produção concentrador de riquezas a minoria da população mundial, gerando analfabetismo, injustiças, elevação de índices de criminalidade e uma sociedade antidemocrática e que odeia pobre, trabalhador e desempregado.

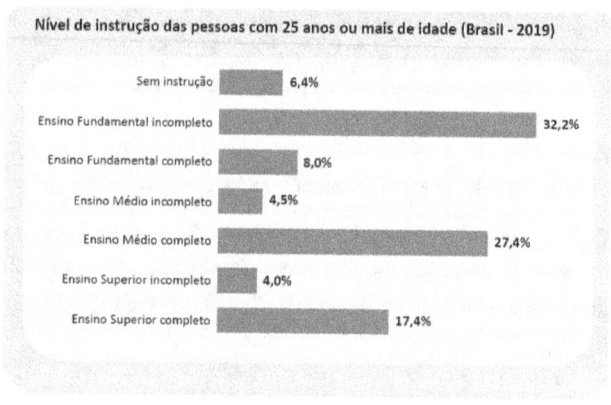

IBGE, 2019. Acesso em 18\04\2021.

Dessa maneira, é essencial pensar um novo projeto de sociedade, onde haja espaço para todos os povos e classes, sendo abolido o lucro e o sistema produtivo capitalista ultraliberal que massacra pobre, trabalhador e preto.

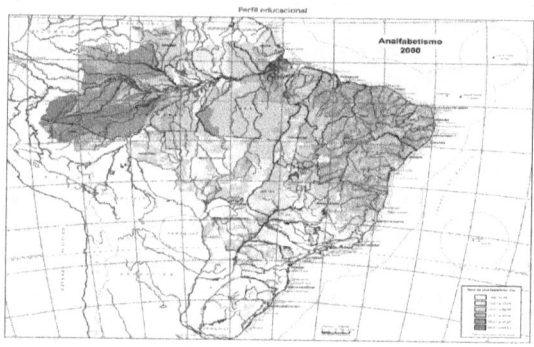

IBGE, 2010.

Contudo, na imagem apresentada, de acordo com o IBGE, constata-se a gravidade a nível nacional relativa ao analfabetismo brasileiro, percorrendo praticamente todo espaço territorial do Brasil, principalmente nas regiões norte e nordeste, sendo evidente o descaso das burguesias locais e internacionais.

CONSIDERAÇÕES INCESSANTES

Luiz Henrique Michelato

No presente trabalho, procurou-se apresentar a problemática da sociedade capitalista, bem como da abordagem conservadora e reacionária na qual o assistente social atua, buscando propor emancipação e autonomia a população usuária dos serviços públicos. Assim sendo, verifica-se tamanha desigualdade social, onde negros são ainda mais excluídos do sistema político e econômico atual. Portanto, as lutas emancipatórias devem ser potencializadas, visando um projeto novo de sociedade, livre das amarras do capital, campo este no qual o profissional do Serviço Social insere-se, realizando o trabalho social com famílias e indivíduos, na luta pela promoção do bem estar social e da democracia plena. Todavia, o presente trabalho procurou apresentar os rebatimentos nocivos do sistema capitalista em vigor há séculos, onde o Brasil encontra-se na sétima posição entre os países mais desiguais do mundo, retratando uma realidade cruel a quem não possui meios de produção e necessita vender sua força de trabalho. Enquanto escritor e assistente social é meu dever lutar por uma sociedade justa e democrática. Confirma-se, com a presente pesquisa, a frequente violação de direitos, demasiadas injustiças sociais e inúmeras desigualdades, com reforço ao racismo institucional e constantes mortes e encarceramento de negros no Brasil, demonstrando uma realidade injusta e degradante, onde a maioria da população encontra-se a mercê de políticas sociais e de serviços públicos ineficazes propostos pelo Estado burguês neoliberal violador de direitos. Uma sociedade, que preze pelo bem da humanidade, preservação da natureza e qualidade de vida, deve optar pelo fim do capitalismo, portanto, do neoliberalismo, *bosalnarismo* e eleveção dos índices de criminalidade, ou seja, pelo aumento das injustiças sociais, onde o lucro é mais importante que pessoas, num sistema predatório e de elevada desigualdade social. Desta maneira, torna-se imperativo a transformação social estrutural da sociedade, visando a melhoria das condições de vida de todos os seres humanos, libertos da exploração do capital, permitindo justiça social, cidadania e democracia a todos, zelando pelo planeta terra finito em seus recursos naturais, garantindo o fim da exploração entre os homens em pleno século XXI.

Dayane Felix Colucci

REFERÊNCIAS

BARBOSA, Juliana da Silva Dias. *As mídias sociais na educação*. Sergipe. 2011.

BION, W. R. *Domesticando pensamentos selvagens*. São Paulo: Blucher, 2016.

BRASIL. *Constituição Federal de 1988*. Rideel. 3ª Ed. São Paulo. 2020

_____CFP\CFESS. Conselho Federal de Psicologia\Conselho Federal de Serviço Social. *O psicólogo e o assistente social na rede pública de educação básica: orientações para regulamentação da Lei nº 13.935, de 2019*. 1ª edição. Brasília: CFP, 2020.

_____IBGE – *Instituto Brasileiro de Geografia e Estatística*. 2019. https://educa.ibge.gov.br/jovens/conheca-o-brasil/populacao/18317-educacao.html. Acesso em 18\abr\2021.

https://geoftp.ibge.gov.br/atlas/nacional/atlas_nacional_do_brasil_2010/2_territorio_e_meio_ambiente/atlas_nacional_do_brasil_2010_pagina_107_fontes_de_ameaca_a_biodiversidade.pdf. Acesso em 18.04.2021.

https://geoftp.ibge.gov.br/atlas/nacional/atlas_nacional_do_brasil_2010/3_sociedade_e_economia/atlas_nacional_do_brasil_2010_pagina_158_incidencia_de_pobreza_2003.pdf. Acesso em 18.04.2021.

https://geoftp.ibge.gov.br/atlas/nacional/atlas_nacional_do_brasil_2010/1_brasil_no_mundo/atlas_nacional_do_brasil_2010_pagina_20_meio_ambiente.pdf. Acesso em 18.04.2021.https://geoftp.ibge.gov.br/atlas/nacional/atlas_nacional_do_brasil_2010/3_sociedade_e_economia/atlas_nacional_do_brasil_2010_pagina_144_composicao_da_populacao_por_cor_ou_raca_2000.pdf. Acesso em 18.04.2021.

https://geoftp.ibge.gov.br/atlas/nacional/atlas_nacional_do_brasil_2010/2_territorio_e_meio_ambiente/atlas_nacional_do_brasil_2010_pagina_111_uso_de_agroquimicos.pdf. Acesso em 18.04.2021.

https://geoftp.ibge.gov.br/atlas/nacional/atlas_nacional_do_brasil_2010/2_territorio_e_meio_ambiente/atlas_nacional_do_brasil_2010_pagina_110_poluicao_industrial_potencial.pdf. Acesso em 18.04.2021.

https://geoftp.ibge.gov.br/atlas/nacional/atlas_nacional_do_brasil_2010/3_sociedade_e_economia/atlas_nacional_do_brasil_2010_pagina_172_analfabetismo_2000.pdf. Acesso em 18.04.2021.

_____Lei nº 9394, de 20 de dezembro de 1996. *Diretrizes e bases da educação nacional*. http://www.planalto.gov.br/ccivil_03/leis/l9394.htm. Acesso em 30\mar\2021.

_____PCB – *Partido Comunista Brasileiro. XIV CONGRESSO DO PARTIDO COMUNISTA BRASILEIRO (PCB). O capitalismo ontem e hoje*. http://pcb.org.br/portal/docs1/texto6.pdf. Acesso em 16\01\2021.

CARVALHO, A. M. P de. *A questão da transformação social e o trabalho social uma análise gramsciniana*. Cortez Editora: São Paulo, 1983.

CHOMSKY, Noam. *Quem manda no mundo?*. 1ª ed. São Paulo: Editora Planeta do Brasil. 2017.

FAVA, Rui. *Trabalho, Educação e Inteligência Artificial: A Era do Indivíduo Versátil*. Porto Alegre: Penso, 2018.

FLAUZINA, Ana Luiza Pinheiro. *Corpo negro caído no chão: o sistema penal e o projeto genocída do estado brasileiro*. 2006.

FOUCAULT, Michel. *A mulher \ os rapazes: história da sexualidade*. Rio de Janeiro: Paz e Terra, 1997.
FREIRE, Paulo. *Pedagogia da indignação: cartas pedagógicas e outros escritos*. São Paulo: Unesp, 2000.
FREUD. S. *Psicanálise dos tempos neuróticos*. Edimax. S\D.
GANDIN, Danilo. *Escola e transformação social*. Vozes, 1988.
GUIMARÃES, Antonio Moreira. *Dicionário do pensamento marxista*. Rio de Janeiro: Jorge Zahar Ed, 2001.
JOLIBERT, Bernard. *Sigmund Freud*. (Coleção Educadores). tradução: Elaine Teresinha Dal Mas Dias. Recife: Fundação Joaquim Nabuco, Editora Massangana, 2010.
JUNG, C. G. *A energia psíquica*. Petrópolis: Vozes, 1983.
KLEIN, M. *A psicanálise de hoje: a aproximação moderna aos problemas humanos: psicologia da infância e adolescência*. Rio de Janeiro: Imago editora, 1970.
LACAN, Jacques. *Escritos*. São Paulo: Editora Pescpectiva, 1966.
MARTUSCELLI, Danilo Enrico. *Crises políticas e capitalismo neoliberal no Brasil*. UNICAMP. Campinas. 2013.
_____. *A burguesia mundial em questão*. 2012.
MARX, Karl. *O capital*. 1ª ed. São Paulo: Folha de São Paulo. 2010.
MAURÍCIO, I. A. *Educar para a transformação social*. São Paulo: Edicon, 1993.
MEJÍA, Marco Raúl. *A transformação social: educação popular no fim do século*. São Paulo: Cortez, 1996.
MICHELATO, Luiz Henrique; COLUCCI, Dayane Felix. *Norte pioneiro paranaense e inteligência artificial: possibilidades de transformação social*. Cornélio Procópio: Socópias, 2020.
_____ *Inteligência artificial e o mundo de todos*. Cornélio Procópio: Socópias, 2021.
_____ *Inteligência artificial e o planeta terra finito*. Cornélio Procópio: Socópias, 2021.
MUNDO. *ONU – Organização das nações unidas*. 2020. https://news.un.org/pt/story/2021/01/1737842. Acesso em 05.01.2021.
NIETZSCHE. F. *O nascimento da tragédia*. São Paulo: Editora Escala. 2ª ed. : 2011.
RODRIGUES, Fabiano de Abreu. *Neurofisiologia filosófica da felicidade: O segredo da felicidade está na homeostase; pessoas de alto QI têm mais chances de encontrar um melhor equilíbrio*. Curitiba: Archives of Health, 2021.
YAZBEK, Maria Carmelita. *Os fundamentos do serviço social e o enfrentamento ao conservadorismo*. Libertas. 2020.
WINNICOTT. D. W. *Privação e delinquência*. São Paulo: Martins Fontes,1987.

www.ingramcontent.com/pod-product-compliance
Lightning Source LLC
Chambersburg PA
CBHW070311220526
45465CB00004B/1834